WARUM

WIR

ENTDECKEN

HORIZONTE

von Alexander Gerst und Lars Abromeit

VORWORT

ENTDECKER IM ALL – UND AUF ERDEN

Vor Jahren, im November 2005, sind wir gemeinsam zu einer besonderen Expedition aufgebrochen: zum Antarktis-Vulkan Mount Erebus, der, von Gletschern umgeben, glühende Lava ausspeit. Alex, damals noch Geophysiker an der Universität Hamburg, wollte die Eruptionen vermessen, Lars eine Reportage für GEO über die Arbeit des Forscherteams schreiben.

Über Wochen erkundeten wir das Grollen des Riesen am „Ende der Welt“: Wir schliefen in Zelten, ertrugen Schneestürme, drangen in Eishöhlen vor und halfen einander, die Lava-Salven der Ausbrüche stets im Blick zu behalten.

Es war eine fantastische, unvergessliche Zeit – und der Auftakt zu einem Austausch, der sich bis heute erhalten hat: über das Wesen von Expeditionen, den Aufbruch ins Unbekannte.

Von ihm erzählt dieses Buch.

Nach unserer Rückkehr aus der Antarktis hatten wir eigentlich neue gemeinsame Reisen zu den Vulkanen der Welt geplant. Doch es kam anders: Alex wurde ins Astronautenprogramm der Europäischen Weltraumorganisation ESA berufen. Zwei Mal ist er seither zur Raumstation ISS geflogen, fast ein Jahr lang hat er im All verbracht. Und bei seinem zweiten Einsatz, der „Horizons“-Mission, wurde ihm nun als Commander sogar die Verantwortung für die Raumstation übertragen.

Lars erkundet als Expeditionsreporter derweil die Extremgebiete der Erde: Seit der Antarktis-Recherche begleitet er regelmäßig Wissenschaftler in tiefe Höhlensysteme, Regenwälder oder ins Hochgebirge.

In all diesen Jahren sind wir stets in Kontakt geblieben: Nach Alex' erster Reise ins All, der „Blue-Dot“-Mission, haben wir die besten Bilder und Eindrücke seiner Reise in unserem Buch „166 Tage im All“ zusammengefasst. Und die „Horizons“-Mission hat Lars nun sogar von Beginn an für GEO begleitet: Er hat nicht nur ein Jahr lang intensiv Alex' Vorbereitungen bei der NASA in Houston, im Sternen-

FREUNDE BEIM AUFBRUCH über die Grenzen des Wissens hinaus: Alexander Gerst als Geophysiker am Antarktis-Vulkan Mount Erebus und als Astronaut auf der Raumstation ISS (links). Expeditionsreporter Lars Abromeit bei einer medizinischen Studie an einem 7000er-Gipfel in Nepal, in Eishöhlen der Alpen – und umgeben von Quallenschwärmen im Indopazifik (rechts)

städtchen bei Moskau, im Astronautenzentrum der ESA in Köln und schließlich den Start im kasachischen Baikonur verfolgt. Auch während Alex an Bord der Raumstation war, konnten wir ab und zu telefonieren und uns austauschen.

So ist über Abertausende Kilometer hinweg, zur Hälfte auf unserem Planeten, zur Hälfte im Weltraum, die Idee für dieses Buch geboren worden: Wir haben lange über Herausforderungen im All, aber auch über jene von irdischen Expeditionen gesprochen – und sind dabei auf spannende und erstaunliche Parallelen gestoßen.

Zum einen kommen in der Raumfahrt oft Fragen auf, die schon frühere Pioniere – Polarforscher oder Seefahrer etwa – in ähnlicher Form beschäftigt haben. Zum anderen wagen sich Forscherinnen und Forscher bis heute auch auf der Erde in ungewisse Gebiete vor. Über die Tiefsee zum Beispiel wissen wir noch sehr wenig. Hunderte Gipfel, etwa im Karakorum-Gebirge oder in Grönland, hat kein Mensch betreten. Und unter Tage, so schätzen Experten, warten Höhlenlabyrinthe von Tausenden Kilometern Länge darauf, kartiert zu werden.

Jede Expedition, ob im Regenwald, in der Wüste oder im All, setzt voraus, dass man sich vorher genau mit den Risiken auseinandersetzt. Man muss auf technische Helfer vertrauen, seien es Schiffe, Raumschiffe oder Schlitten. Und das Team einer solchen Reise sollte stets so zusammengesetzt sein, dass alle sich voll aufeinander verlassen können, auch wenn es unterwegs schwierig wird. Wie stellt man das sicher?

Im Lauf der „Horizons"-Mission ist uns stärker denn je bewusst geworden: Die Erkenntnisse dieser Reisen ins Unbekannte können uns auch im Alltag helfen. Für eine vernünftige Einschätzung von Gefahren. Für das Verhalten in Gruppen. Für die Bewältigung neuer, ungeahnter Herausforderungen wie zum Beispiel das Leben mit Pandemien wie Covid-19.

Deshalb haben wir uns entschieden, in unserem zweiten Buch nicht allein über Leben und Alltag an Bord der Raumstation zu berichten, sondern genau diesen Fragen ausführlicher nachzugehen: Warum entdecken wir? Und was können wir aus Entdeckungen lernen?

Dafür haben wir Alex' Bilder und Einsichten aus der „Horizons"-Mission mit solchen von irdischen Expeditionen verknüpft. Wir hoffen, mit unserer Faszination für die Neugier viele andere große und kleine Entdeckerinnen und Entdecker zu inspirieren, selbst Neues zu wagen. Die eigenen Träume zu leben. Verantwortung zu übernehmen für sich, für andere und für die Zukunft des Raumschiffs Erde. Und immer wieder nach neuen Wegen zu suchen, den Horizont unserer Welt zu erweitern.

ALEXANDER GERST UND LARS ABROMEIT

GROSSE UNBEKANNTE: Der Blaue Planet und sein Mond – ein Gespann, das Menschen aus immer neuartigen Perspektiven zu verstehen suchen. Doch jede Erkenntnis wirft neue Fragen auf

MENSCHEN SIND ENTDECKER

DIE KRAFT DER NEUGIER

ОРЛАН - МКС
№ 5

„Ist es nicht faszinierend, in was für extremen Umgebungen wir ALS MENSCHEN *überleben können, wenn wir es wirklich versuchen?“*

ALEXANDER GERST

RÜSTUNGEN: So wie sich Astronauten für Außenbordeinsätze (links etwa Oleg Kononenko 2018) mit druckdichten Raumanzügen gegen das lebensfeindliche All schützen, mussten Polarforscher der Jahrhundertwende erst lernen, sich gegen die Kälte der Eiswelt zu wappnen. Robert Peary (oben) nutzte als einer der Ersten dafür während seiner Arktis-Expeditionen die Kleidung der Inuit: Pelze aus Robben-, Polarfuchs- und Eisbärfell

UNTERWEGS FÜR DEN RUHM, aber auch für die Wissenschaft: Mitglieder der britischen Terra-Nova-Expedition (1910–1913) untersuchen am Rand des Ross-Schelfeises eine antarktische Gletscherhöhle. Die glaziologischen Daten, die sie zusammentragen, fließen bis heute in Klimastudien ein

SELBST AUS DEM ORBIT, von Bord der Raumstation aus gesehen, wirkt die Antarktis schroff wie ein fremder Planet. „Und trotzdem gibt es hier Leben!“, twittert Gerst fasziniert. Könnten sich Spuren der Biologie dann vielleicht auch im Polareis des Mars finden lassen?

СОЮЗ

MOBILES ARBEITEN: Viele Jahre lang reist der britische Archäologe Alfred Maudslay ab 1881 durch Mittelamerika, um Ruinen der Maya-Kultur zu erforschen (oben). Oft schlägt er sein Lager inmitten der überwucherten Tempel auf – von der Außenwelt völlig abgeschottet. Auch Astronauten arbeiten in extremer Exposition: Für Vorstöße in die unbekannten Regionen unseres Sonnensystems aber werden sie noch mehr Autonomie wagen müssen, meint Gerst

esa
A. GERST
А. ГЕРСТ
ZERO G ONLY
M02-1222
20-1155

PROLOG

NEUE HORIZONTE

VON ALEXANDER GERST

Meine erste Reise ins All, die „Blue Dot"-Mission, lag gerade etwas mehr als ein Jahr zurück, und ich war zum ersten Mal wieder im Urlaub, als mich ein Anruf von Frank De Winne, dem Leiter des Europäischen Astronautenzentrums, erreichte: Ich solle nochmals zur ISS fliegen und im zweiten Teil der Mission sogar das Kommando über die Raumstation übernehmen! Ich müsse mich allerdings schnell mental darauf einstellen: Das Training beginne bereits zwei Wochen nach meiner Rückkehr aus dem Urlaub – eine zweijährige, dicht gepackte Zeit auf drei verschiedenen Kontinenten, voller Entbehrungen. Die Entscheidung fiel mir dennoch nicht schwer, am Ende des Telefonats war alles Wichtige besprochen.

Ein plötzlicher neuer Aufbruch stand also an. Dass es so schnell gehen würde, hatte ich nicht erwartet. Aber so läuft es manchmal in der Raumfahrt, in der wir die Grenzen unserer bekannten Welt zu verschieben versuchen. Und natürlich war es für mich eine große Ehre, dass mir die internationalen Raumfahrtagenturen diese Aufgabe zutrauten und bereit waren, das Kommando über den einzigen Außenposten der Menschheit im Weltall in meine Hände zu legen.

Zudem konnte ich es kaum erwarten, zur ISS – diesem schwerelosen Labor mit dem besten Ausblick der Welt – zurückzukehren und endlich beim Zähneputzen wieder den ein oder anderen Salto zu schlagen. Zugleich aber wurde mir auch bewusst: Diese zweite Mission würde für mich völlig anders verlaufen als meine erste. Eine schwierige, neue Herausforderung wartete da auf mich, und ich muss zugeben, ich war anfangs durchaus nicht sicher, ob ich ihr gewachsen sein würde.

Als „Commander“ der ISS musste ich schließlich nicht nur Verantwortung für die Station, sondern auch für das Forschungsprogramm und – vor allem – für meine Crew übernehmen.

Also habe ich mir drei Ziele für die Reise gesetzt: Ich wollte erstens gewährleisten, dass wir die ISS, diese fantastische Maschine, am Tag unseres Rückflugs in einem mindestens ebenso guten Zustand zurücklassen, wie wir sie vorgefunden hatten. Zweitens wollte ich mich bemühen, mit meiner Crew zusammen so weit wie möglich das Pensum der Experimente zu schaffen, in die Wissenschaftlerinnen und Wissenschaftler aus aller Welt über Jahre unendlich viel Sorgfalt und Herzblut hineingesteckt hatten. Und drittens war für mich von zentraler Bedeutung: Wir sollten gesund und als Freunde ins Weltall fliegen – und auch genauso zurückkehren.

Für meine Begleiter in der Soyuz-Kapsel, Serena Auñón-Chancellor und Sergey Prokopyev, war die „Horizons“-Mission die erste Reise ins All. Die Raumfahrtbehörden hatten die Crew so zusammengestellt, dass ich mit meiner Erfahrung den beiden anderen helfen konnte, sich vorzubereiten.

Als Co-Pilot der Soyuz wurde ich darin ausgebildet, mit Sergey zusammen den Raketenstart, den An- und Abflug zur ISS und die Landung zurück auf der Erde durchzuführen und notfalls das Raumschiff sogar alleine steuern zu können. Und als angehender ISS-Kommandant musste ich schon in der Trainingszeit darauf achten, dass wir als Team gut zusammenarbeiten, uns blind vertrauen können.

In Abstimmung mit den Flugdirektoren, die vom Boden unsere Mission betreuten, hatte ich viele Logistik-Fragen zu klären und Notfall-Pläne zu koordinieren. Ich wusste: Auf der Raumstation selbst würde ich dann in engem Austausch mit ihnen sicherstellen müssen, dass alles gut läuft und dass alle Beteiligten reibungslos miteinander zurechtkommen.

Zur Vorbereitung auf diese Führungsaufgaben habe ich zum einen erfahrene Astronauten und Kosmonauten um Rat gefragt: Steven Swanson zum Beispiel, meinen ersten Commander während der „Blue Dot“-Mission. Seine Art, mit der Verantwortung im All umzugehen, war so entspannt, dass ich anfangs dachte: Der führt überhaupt nicht.

Erst nach einer Weile ist mir dann aufgefallen, wie viel er im Hintergrund mit der Bodenstation bespricht und so sicherstellt, dass wir nicht überlastet werden. Er hat uns das niemals spüren lassen, hat uns im Alltag niemals herumkommandiert, sondern war sich im Gegenteil nie zu schade, ohne weitere Worte selbst einzuspringen und uns anderen das Leben leichter zu machen: An dieser Haltung wollte ich mich als Commander für meine „Horizons“-Mission orientieren.

Auch viele andere Aspekte haben mir sehr geholfen, in meine neue Rolle hineinzuwachsen. Eines der wichtigsten Dinge, die ich während meiner „Blue Dot“-Mission gelernt habe, war zu akzeptieren, dass viele Entscheidungen niemals hundertprozentig korrekt zu fällen sind: wenn es schnell gehen muss etwa, aber viele unübersichtliche Probleme zugleich aufeinanderprallen. Dann müssen 70 oder 80 Prozent Perfektion genügen, um die Situation zu entschärfen.

Als ich einmal, während meiner Missionsvorbereitung, von Angela Merkel zu einem Abendessen mit dem damaligen US-Präsidenten Barack Obama in Berlin eingeladen war, habe ich ihn gefragt, wie er eigentlich damit umgeht, dass man es manchmal mit seinen Entscheidungen niemandem recht machen kann. Und er hat geantwortet, dass er sich in solchen Momenten immer vor Augen führe: Wenn die Entscheidungen leicht wären, dann wären sie nicht auf seinem Schreibtisch gelandet. Er hatte also per Definition fast ausschließlich Entschlüsse zu fassen, für die es eindeutige oder offensichtliche Lösungen gar nicht geben konnte! Auf seine Frage hin, wie man das auf der Raumstation mache, habe ich ihm von meiner 80-Prozent-Regel erzählt. Er lachte nur und meinte zwinkernd, er selbst verwende immer 60 Prozent!

Schnelle Entscheidungen zu treffen, ohne die volle Übersicht über eine Situation zu haben, ist für Astronautinnen und Astronauten

„Ich habe eine UNAUSLÖSCHLICHE SEHNSUCHT *nach den entlegenen Dingen! Ich liebe es, über verbotene Meere zu segeln und an wilden Küsten zu landen.“*

HERMAN MELVILLE (1819–1891), SCHRIFTSTELLER, IM ROMAN „MOBY DICK“

WINTER IM KARAKORUM: Erst im 19. Jahrhundert drangen europäische Landvermesser in das Gebirge des Kaschmir-Gebietes vor, das sich über Teile des heutigen Pakistans, Chinas und Indiens erstreckt. Der höchste Gipfel, dem die Entdecker die Nummer „K2“ gaben, ist mit 8611 Metern der zweithöchste Berg der Erde. Hunderte andere Zacken des Karakorums hat noch immer kein Mensch bestiegen

WILDNIS, VON MENSCHEN GESTALTET: der Dukan-Stausee im Norden Iraks, den Gerst von der ISS aus bei seiner zweiten Mission 2018 in der Adventszeit fotografiert. Diese Region Kurdistans ist ein wenig erforschtes Zentrum der Biodiversität: Bei ersten Erkundungen wurden an den Ufern des Sees mehr als 180 Vogelarten gezählt

manchmal überlebenswichtig – bei einem akuten Notfall im All zum Beispiel. Das Wichtigste ist dann, dass man überhaupt eine Entscheidung trifft. Denn wenn man nichts tut bei einem Feuer oder bei einem Leck, dann stirbt man. So viel ist sicher. Und um mit dieser Entscheidungslast klarzukommen, fand ich die Einsicht Obamas eigentlich sehr beruhigend.

Neben solchen Gesprächen und meinem jahrelangen Missionstraining habe ich mich für meine „Horizons“-Mission aber auch intensiv mit den Erfahrungen von historischen Expeditionsleitern auseinandergesetzt: mit den Erlebnissen von Entdeckern wie Christoph Kolumbus und Alexander von Humboldt, Ernest Shackleton, Fridtjof Nansen und Roald Amundsen oder auch mit der Improvisationskunst der „Apollo 13“-Piloten Jim Lovell, Fred Haise und Jack Swigert.

Das war unglaublich lehrreich. Denn die Berichte dieser Legenden haben mir nochmals vor Augen geführt, wie sehr wir doch in der heutigen Raumfahrt auf einer jahrtausendealten Entdecker-Tradition aufbauen.

Neugier treibt uns seit jeher voran: Seit es Menschen gibt, sind aus jeder Generation manche hervorgetreten, die sich über den Horizont des Bekannten hinausgewagt haben. Sonst wären wir in unserer Entwicklung niemals dorthin gekommen, wo wir heute stehen.

Früher waren es neue Inseln und Kontinente, zu denen Entdecker aufbrachen. Sie haben sich lange darauf vorbereitet, haben die Risiken analysiert, neue Schiffe entwickelt und sie getestet, sie haben mit knappen Vorratsreserven zu leben gelernt, haben sorgsam die Mannschaft zusammengestellt und Instrumente ersonnen, die ihnen sicher den Weg weisen sollten: nach Amerika, in die Südsee oder in die Polargebiete.

Heute haben wir neue Grenzen und schauen weiter hinaus: ins Weltall. Im Prinzip aber beschäftigen uns in der Raumfahrt dabei ganz ähnliche Fragen wie jene, mit denen sich schon damals die frühen Entdecker befasst haben. Nur, dass aus Schiffen nun Raumschiffe, aus Segeln Raketentriebwerke, aus den Gefahren, in Sturmböen zu kentern, die Risiken des Beschusses mit kosmischer Strahlung und Havarien im luftleeren Raum des Weltalls geworden sind.

Deshalb können wir aus Expeditionen in kaum erforschte Gebiete hier auf der Erde viel lernen – vor allem jetzt, da es Zeit wird, die nächsten Schritte der Raumfahrt anzugehen: eine wissenschaftliche Langzeitmission zum Mond – und dann weiter zum Mars, vielleicht auch zu anderen Zielen im Sonnensystem.

Mond und Mars sind die neuen, unbekannten Kontinente unserer Epoche. Sie sind für uns etwa ebenso schwer zu erkunden, wie es vor nur einem Jahrhundert die inneren Eisfelder der Antarktis oder Korallenriffe der Tropen waren.

Erst 1911 haben erstmals Menschen den Südpol erreicht; und es dauerte weitere drei Jahrzehnte, bis erste sichere Atemgeräte erfunden worden waren, mit denen sich Taucher unter Wasser unabhängig bewegen und an die Erforschung der Meere herantasten konnten.

Heute stehen in der Antarktis zahlreiche Forschungsstationen, und für Meeresforscher ist es völlig normal, mit Pressluftflaschen an Riffen zu tauchen – weil wir begriffen haben, dass wir diese fernen, uns fremden Welten kennenlernen und die in ihnen gespeicherten Informationen aus der Vergangenheit unseres Planeten sowie dessen Klimasystem erfassen müssen, um die Zukunft der kommenden Generationen zu sichern. Unser Überleben als Menschheit hängt davon ab.

Indem wir uns also weiter über den Horizont gewagt haben, sind wir auch darin vorangekommen, uns selbst und unsere Heimat besser zu überblicken und zu verstehen – eine Grundvoraussetzung dafür, um sie zu beschützen. Ich bin mir sicher: In nochmals einem Jahrhundert werden wir dasselbe über Raumschiffe und über Forschungsstationen auf dem Mond und dem Mars sagen.

Die ISS ist ein exzellentes Labor, um solche Reisen in die Tiefen des Alls, in den sogenannten „Deep Space“, vorzubereiten.

So haben wir bei der „Horizons“-Mission unter anderem intensiv daran weitergearbeitet, das Zusammenwirken von Menschen und

Robotern, das für die nächste Raumschiff-Generation nötig sein wird, zu verbessern. Lebenserhaltungssysteme zu optimieren. Pflanzen als Nahrung zu züchten. Die Effekte der Schwerelosigkeit auf den menschlichen Körper zu untersuchen – und ein Konzept aufzustellen, um mit den physischen und mentalen Belastungen einer Ultra-Langzeitmission, wie etwa einer Reise zum Mars, besser umzugehen.

Die Erfahrung aus diesen Tests wird uns helfen, bald weiter und eigenständiger in den Kosmos zu fliegen. In internationaler Zusammenarbeit entwickeln wir im „Artemis“-Programm nun bereits eine neue Raumstation, die um den Mond kreisen wird: den „Gateway“, bei dem wir massiv von Erkenntnissen aus der ISS profitieren.

Was also bedeutet es, sich ins Unbekannte hinauszuwagen? Wie geht man mit Risiken um? Was ist in der Teamführung zu beachten? Welche Hilfen bietet die Technik – und welche Entscheidungen sollten wir umgekehrt niemals Robotern überlassen?

Solche Fragen habe ich vor meiner zweiten Mission ins All und auch währenddessen oft mit Lars Abromeit diskutiert. Seit einer gemeinsamen Expedition zum Mount Erebus im Jahr 2005 tauschen wir uns regelmäßig aus, auch wenn wir beide viel unterwegs sind. Lars ist einer der wenigen Menschen, die Hintergrundwissen, Wortgewandtheit und Hartnäckigkeit eines erstklassigen Journalisten mit der Neugier und Abenteuerlust eines Entdeckers vereinen, und wir sind schnell Freunde geworden.

Als Expeditionsreporter dringt Lars schon seit Jahren mit Wissenschaftlern in abgelegene Welten vor: zum Beispiel in tiefe Spalten im Innern von Tafelbergen in Südamerika, zu Himalaya-Gipfeln oder zur Unterwasserstation „Aquarius“ im Atlantik. Nun hat er die „Horizons“-Mission journalistisch begleitet; und bei unseren Gesprächen haben wir immer wieder gemerkt: Im All und auf Erden können wir gegenseitig von unseren Erfahrungen profitieren.

Bei der „Horizons“-Mission sind wir mehrfach in schwierige Situationen geraten: Unsere Soyuz-Kapsel hatte ein Leck, das wir reparieren mussten. Später ist ein Flug, der zwei neue Crewmitglieder, neue Vorräte und Experimente zur ISS bringen sollte, kurz nach dem Start havariert. Wir waren dadurch deutlich länger als geplant nur zu dritt auf der ISS.

Wir haben all diese Herausforderungen bestanden und alle drei Ziele erreicht, die ich mir als Commander für die Mission gesetzt hatte. Und dabei haben mir die Lehren aus der Entdeckergeschichte geholfen.

So haben wir uns in der Zeit zu dritt auf der ISS zum Beispiel oft an die Mannschaft von Ernest Shackleton erinnert: Mit ihrem Schiff, der „Endurance“, fror sie 1915 in der Antarktis fest – und musste jahrelang weitaus Schlimmeres durchstehen als wir im Weltall. Aber die Crew hat durchgehalten und überlebt. Das hat uns Mut gemacht.

Und auch an meine eigenen Antarktis-Expeditionen in meiner Zeit als Vulkanforscher musste ich manchmal denken: zum Beispiel an eine Tour, für die ich mich einmal mit einem Kollegen per Flugzeug auf einem Gletscherfeld absetzen ließ, um eine Seismometerstation zu reparieren – 800 Kilometer vom nächsten mehrzelligen Lebewesen entfernt, also sogar noch einsamer, als wir Astronauten es auf der ISS sind, 400 Kilometer über der Erdoberfläche. Das war, zusammen mit der Erfahrung meines Weltraumausstieges, der, nüchtern gesehen, einsamste Moment in meinem Leben – auch wenn ich das damals nicht spüren konnte.

Die Neugier hat eine gewaltige Kraft: Langfristig ist sie der Angst überlegen. Mit ihrer Hilfe erweitern wir ständig unsere Horizonte – und damit meine ich nicht nur die geografischen Grenzen des Vorstellbaren, sondern auch wissenschaftliche und persönliche Grenzen.

Es lohnt sich, sie immer wieder infrage zu stellen. Und ich bin überzeugt: Die nächste Generation von Entdeckerinnen und Entdeckern wird dabei Einsichten finden, die sich heute noch selbst unseren kühnsten Träumen entziehen.

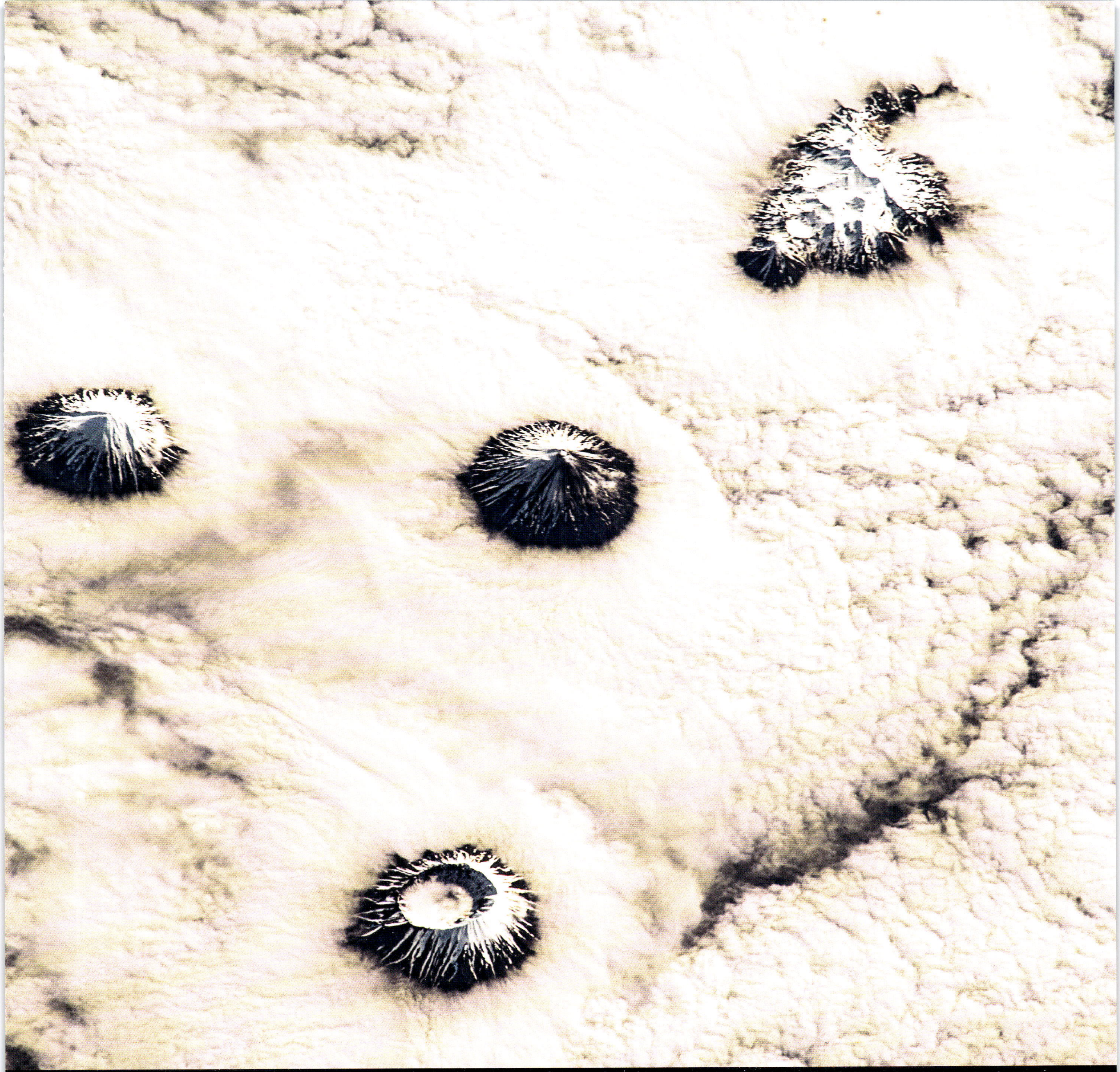

VERSUNKENE WELT AUS FEUER UND EIS: Die Vulkankegel der Kurilen-Inseln, die aus den Wolken des Nordpazifiks herausragen, erinnern den ISS-Kommandanten daran, „dass unser Planet im Inneren immer noch sehr dynamisch ist“

KUNSTWERK ERDE: An der Südwestküste Afrikas prallen Wüste und Ozean aufeinander. Wolkenschleier formen darüber Gebilde, die wie gemalt aussehen. Aber Regen fällt kaum. Wie Pflanzen und Tiere sich trotzdem an diese extreme Umgebung anpassen konnten, verblüfft Feldforscher immer wieder: Einige Schlangen und Eidechsen buddeln sich tagsüber in den Sand ein, Spießböcke kommen allein mit dem in Trockengewächsen gespeicherten Wasser aus. Viele andere Tricks der Natur aber sind nicht entschlüsselt – bisher

MEKKA DER VULKANFORSCHUNG: Rund 3800 Meter hoch thront der Mount Erebus am Rand der Antarktis. Aus seinem Kraterdom, der mit brodelnder Lava gefüllt ist, quellen Rauchwolken auf

WARUM WIR ENTDECKEN

ALEXANDER GERST UND LARS ABROMEIT IM GESPRÄCH

Was zieht Menschen über den Horizont des Bekannten hinaus? Wir können nicht anders: Es liegt uns im Blut!

Alex, vor 16 Jahren haben sich zum ersten Mal unsere Wege gekreuzt – in der McMurdo-Station der Antarktis. Erinnerst du dich an die Stimmung dort?

Ja, das war zu Beginn einer beeindruckenden Expedition. Unsere Gruppe aus Vulkanologinnen und Vulkanologen war auf dem Weg zum Mount Erebus, und du wolltest uns mit dem Fotografen George Steinmetz zusammen für GEO begleiten.

Ich finde, das war ein typischer „Aufbruchsmoment": ein klassischer Auftakt zu einem Vorstoß ins Unbekannte.

Ihr Wissenschaftler hattet ein großes Ziel: Der Mount Erebus ist von Gletschern ummantelt, aber in seinem Krater brodelt ein glühender Lavasee – ein einzigartiger Ort, um die Kräfte des Erdinneren zu erforschen. Die Ausbrüche des Vulkans wolltet ihr direkt vom Kraterrand aus vermessen, unter anderem mit einer von dir mit entwickelten und in Hamburg gebauten „Radarfalle". So etwas hatte in der Antarktis noch niemand zuvor versucht.

WEIL DIE ERDATMOSPHÄRE in den Polarregionen besonders dünn ist, müssen die Forscher zum Aufstieg ein Zwischenlager errichten: 3000 Meter über dem Meer. Hubschrauber bringen das Team und die Ausrüstung auf die vereiste Vulkanflanke

Ja, das war meine erste Expedition zum Mount Erebus überhaupt. Ich wollte darauf meine Doktorarbeit als Geophysiker aufbauen.

George und ich waren auch ziemlich aufgeregt: Nie zuvor hatte ein Journalistenteam die Erlaubnis bekommen, eine Expedition zum Mount Erebus zu begleiten.

Leider war dann das Wetter schlecht, wie so oft an diesem Vulkan, und wir mussten wochenlang in McMurdo warten, bis endlich die Hubschrauber starten konnten.

Zwischendurch dachte ich, unser Vorhaben würde scheitern, bevor es begonnen hatte. Als wir dann aber endlich in Richtung Mount Erebus abheben durften, war das ein unvergesslicher Augenblick. Großartig! Daran habe ich später bei vielen anderen Expeditionen denken müssen.

Ja, auch für mich war die Reise 2005 eine prägende Lebenserfahrung. Ich war mir anfangs nicht sicher, ob ich mir zu viel zumuten würde: Über Wochen in der Antarktis in einem Zeltcamp zu leben, in großer Höhe und bei extremer Kälte, weit entfernt von jeglicher Hilfe, ständig dem Risiko ausgesetzt, dass ein Schneesturm aufzieht oder ein Schauer aus glühenden Lavabomben auf einen einprasselt – das alles war komplett neu für mich. Ich konnte noch nicht einmal sagen, ob meine Instrumente in dieser Umgebung überhaupt zuverlässig funktionieren würden.

Genau solche Abenteuer aber haben mich immer schon fasziniert. Wenn ich weiß: Ich stoße in einen Bereich vor, der außerhalb meiner Komfortzone liegt, aber innerhalb dessen, was ich wahrscheinlich noch aushalten kann – wenn ich mich gut darauf vorbereite. Na ja … das hofft man zumindest.

Hat ja geklappt …

Ja, in der Retrospektive betrachtet war der Aufbruch in die Antarktis eine der besten Entscheidungen meines Lebens: Ich bin mit den Herausforderungen zurechtgekommen – und es hat sogar richtig Spaß gemacht.

Nach einer weiteren Expedition zum Mount Erebus hast du dann deine Doktorarbeit geschrieben – in Hamburg. Und wir haben uns immer mal wieder zum Joggen getroffen. Wir sind um die Außenalster gelaufen, und ich erinnere mich noch genau, wie du einmal dabei erzählt hast: „Ich habe übrigens gerade meine Bewerbung für das Astronautenkorps bei der ESA verschickt." Krasse Idee!, dachte ich.

Ja, das dachte ich auch erst. Ich bin davon ausgegangen, dass ich sowieso nicht genommen werde. Aber ich hatte nun mal diesen Traum, Astronaut zu werden, und wollte mir im Nachhinein sagen können: Ich habe es wenigstens ernsthaft versucht. Ich fand, das war ich mir schuldig. Ich hatte sogar schon Jahre vorher den Browser meines Computers so programmiert, dass ich eine automatische

MODELL-INFERNO: So präzise wie an kaum einem anderen Vulkan weltweit können Forscher die Ausbrüche des Mount Erebus direkt vom Kraterrand aus verfolgen – und daraus Rückschlüsse auf das Innere unseres Planeten ziehen. Gerst setzt 2005 dafür auf ein neues, an der Universität Hamburg gebautes und von ihm weiterentwickeltes Instrument: eine „Radarfalle“ für Lavabomben

„Ohne die natürliche Freude daran, als Erster etwas zu entdecken, auch wenn es nur Sand und Felsen sind, wäre ALL DAS UNERTRÄGLICH.“

JAMES COOK (1728–1779), SEEFAHRER UND ENTDECKER

SCHWEFELABLAGERUNGEN überziehen den Kraterrand des Mount Erebus, an dem die Wissenschaftler sich aufstellen. Wenige Stunden, oft sogar nur Minuten, liegen zwischen den Eruptionen des hochaktiven Vulkans: Donnernd schießt er dann Lava aus seiner Tiefe hervor

Nachricht bekomme, wenn die ESA die Ausschreibung auf ihre Website stellt.

Als wir dann das nächste Mal wieder laufen waren, hast du ziemlich perplex berichtet, dass du noch immer im Auswahlverfahren dabei bist. Und beim folgenden Mal: noch immer! Bis dann dein Traum schließlich wahr wurde und du als einer von sechs aus rund 8400 Bewerbern für das Astronautentraining ausgewählt wurdest. Hast du wirklich bereits als Kind gedacht: „Eines Tages fliege ich zu den Sternen!“?

Nein, das konnte ich mir nicht vorstellen. Ich habe natürlich davon geträumt, aber eigentlich dachte ich immer, dass dieses Ziel für mich ohnehin nie erreichbar sei. Deshalb ist es mir jetzt auch so wichtig, Kindern zu zeigen, dass ich kein Superheld bin, und dass auch sie sehr weit kommen können, wenn sie hartnäckig ihre Träume verfolgen. Und zwar Mädchen genauso wie Jungs, in allen Bereichen!

Mir ist am liebsten, sie denken: „Wenn der das schafft, dann kann ich das schon lange!“. Damit hätte ich meine wichtigste Aufgabe für die kommende Astronauten- und Astronautinnen-Generation erfüllt.

Was genau hat dich selbst als Kind an der Raumfahrt so fasziniert?

Ich habe mich immer für alles interessiert, was mit Entdeckungen zu tun hatte: für Dinosaurier, Stürme, Technologien, Vulkane und eben auch für das All. Ich hatte Modelle der Mondlandefähren zu Hause und habe begeistert die Spaceshuttle-Flüge verfolgt. Mit einem Freund aus der Schule haben wir sogar eigene kleine Raketen gebaut: Die haben wir auf einer Wiese am Kocher gestartet, das ist ein Fluss, der durch meine Heimatstadt Künzelsau fließt.

Nach der Schule stand für mich dann auch fest, dass ich Wissenschaftler werden wollte: Als Geophysiker konnte ich immer zu spannenden Zielen aufbrechen, zu Vulkanen auf Vanuatu, in Äthiopien oder Neuseeland. Als Astronaut blicke ich nun von außen auf unsere Erde und befasse mich mit den neuen, ultimativen Grenzen unserer bekannten Welt: Ich finde, das ist im Grunde nur eine logische Fortsetzung.

Hattest du Vorbilder unter den frühen Entdeckern?

Besonders interessant fand ich immer, wenn Pioniere wie Galileo Galilei oder Nikolaus Kopernikus es fertiggebracht haben, außerhalb der Begrenzungen ihrer Epoche zu denken – über das herrschende Weltbild ihrer Zeit hinaus. Allein der Logik und ihren eigenen Beobachtungen vertrauend, haben solche Genies für die Wissenschaft ganz neue Perspektiven eröffnet.

Im Nachhinein ist es einfach zu sagen: Natürlich hatten sie mit der Aussage recht, dass die Erde sich um die Sonne dreht und nicht umgekehrt. Aber damals waren sie ihrer Zeit damit weit voraus. Den Mut und die Weitsicht dieser Wegbereiter finde ich sehr inspirierend.

Ich habe mich oft gefragt, ob ich auch so frei denken könnte – losgelöst von den Dingen, die wir heute, in unserer Zeit, als normal und erwiesen ansehen.

Aber einzelne Vorbilder aus der Entdecker-Geschichte hatte ich eigentlich nie – außer MacGyver vielleicht. Und du?

Ich fand früher unter den Abenteurern vor allem diejenigen ganz toll, die ihre Begeisterung für das Unbekannte gut weitervermitteln und damit andere anstecken konnten: wie David Attenborough oder auch Reinhold Messner damals mit seinen Gedanken zum Bergsteigen.

Auch einige Fotografen habe ich sehr bewundert, David Doubilet beispielsweise: Mit unglaublichen Bildern von Mantarochen, Korallenriffen und Barrakuda-Schwärmen hat er für mich eine neue Welt aufgetan – unter Wasser. Diese Wunder der Meere wollte ich unbedingt näher kennen lernen.

VORSTOSS IN NEUE WELTEN: Neben den Messreihen am Kraterrand (oben) erkunden Gerst und die anderen Forscher des Teams auch Eishöhlen, die der Mount Erebus aus den Gletschern an seinen Flanken getaut hat. Die Labyrinthe verändern sich ständig. Lars Abromeit (Mitte und unten) bestaunt das Neuland, das so in der Tiefe entstanden ist

EIN RIESIGES SÜDLAND müsse die Erdkugel in Balance halten, glauben Kartografen des 16. Jahrhunderts – und dehnen deshalb die Antarktis, wie in diesem Atlas von 1595, bis fast zum Äquator aus

Die Macht der Karten

Wandelnde Weltbilder

Seit vielen Generationen versuchen wir Menschen, unseren Platz in der Welt zu erfassen – und zeichnen Karten dafür: Ihre Symbole und Linien geben dem leeren Raum Form. Definieren, was ist. Und verkleinern die Dimensionen der Erde so weit, dass wir sie überschauen können. In Karten spiegeln sich deshalb stets auch die Weltbilder, Ängste und Sehnsüchte ihrer Epochen wider: In vielen antiken Kulturen stellt man sich die Erde als Scheibe mit einer einzigen Landmasse vor, die vom Wasser umgeben sei. Doch schon ab dem 4. Jahrhundert vor Christus verbreitet sich aus dem Mittelmeerraum das Globus-Modell – bis im Europa des Mittelalters als akzeptiert gilt: Die Erde ist rund.

Rätsel und Irrtümer bleiben. Bis ins 18. Jahrhundert hält sich auf Karten zum Beispiel die Vorstellung von der Antarktis als reiches „Südland" mit Wäldern aus „Glücksbäumen". Und auch für die Neugier lassen Karten seit jeher Raum – mit weißen Flecken, die früher als „Hic sunt dracones", „Hier sind Drachen", markiert wurden. Bis heute sind viele Höhlen, Wüsten und Meerestiefen der Erde noch nicht präzise kartiert.

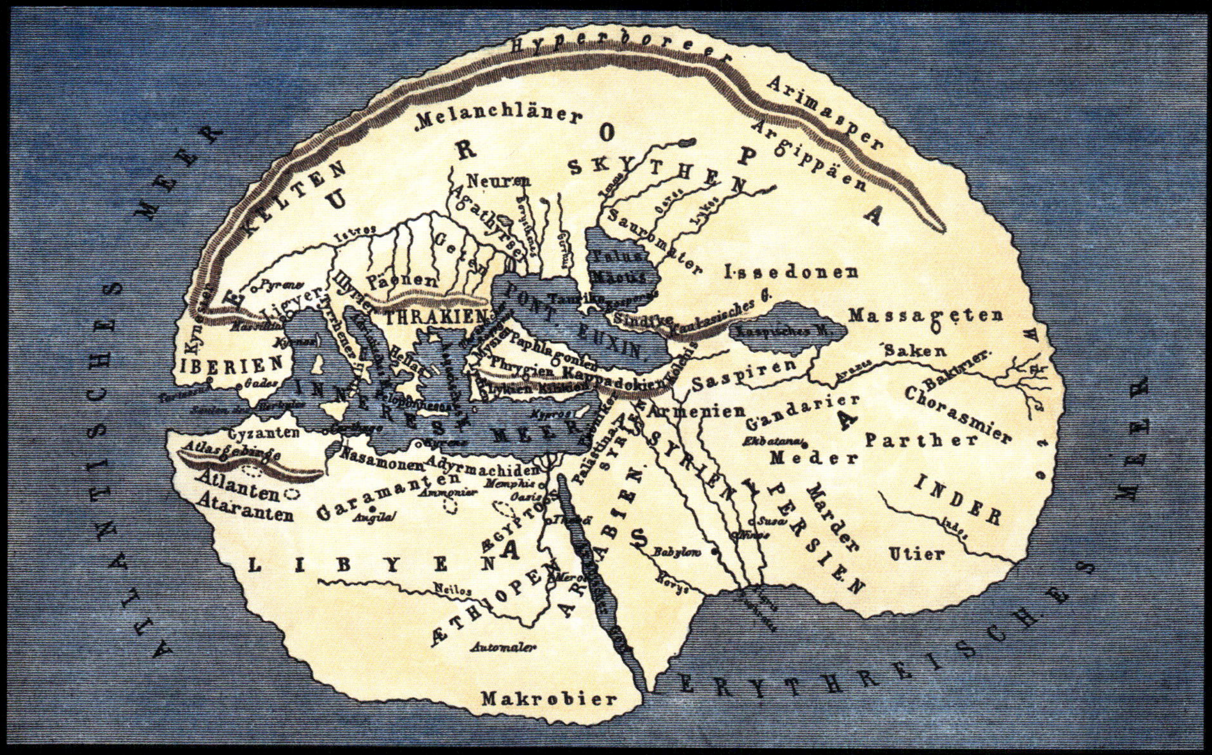

DAS WELTBILD DER GRIECHEN: Drei Erdteile unterscheidet der Geograf und Geschichtsschreiber Herodot um 430 v. Chr – Europa, Asien und Libyen (Afrika). Sie alle, so glaubt er noch, seien von einem gemeinsamen Ozeanring umgeben

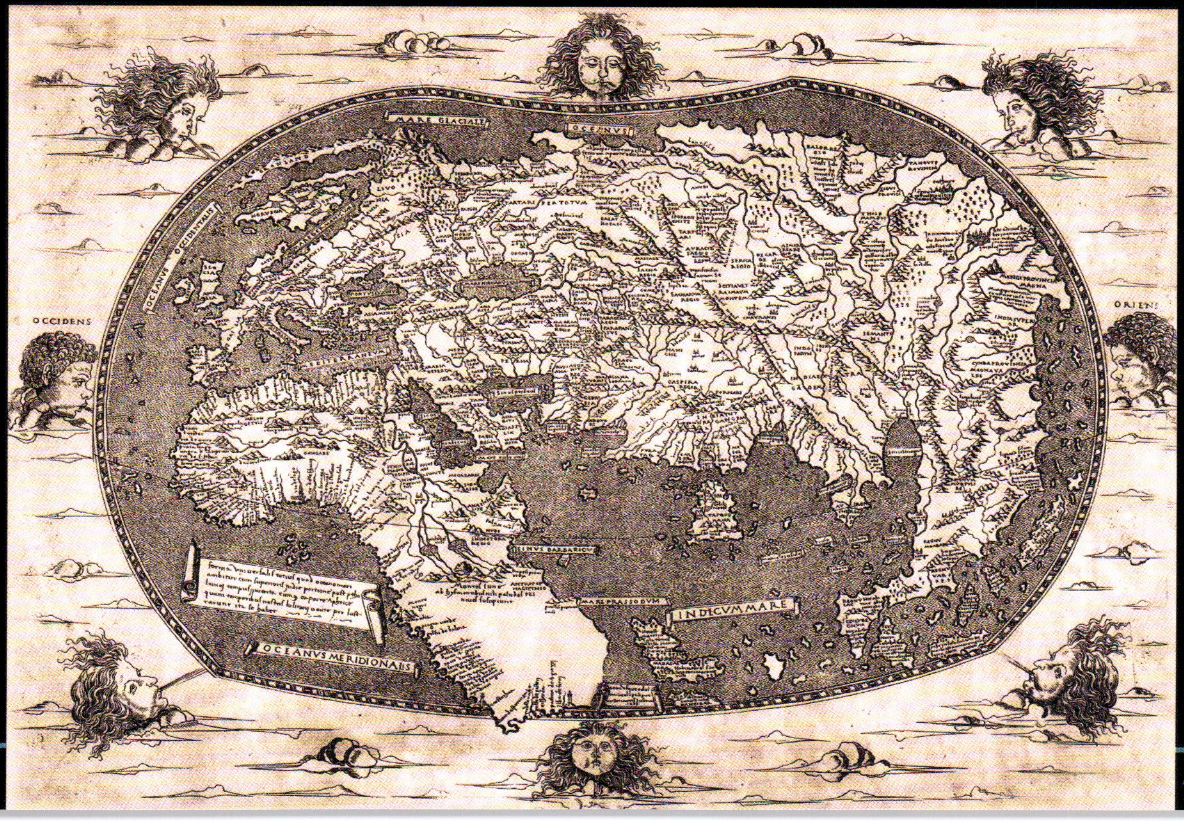

DIE KONTUREN UND GEBIRGE der alten Welt nehmen auf der Karte des Kupferstechers Francesco Rosselli von 1492 bereits erstaunlich konkrete Züge an: Noch im selben Jahr wird Kolumbus Amerika aufspüren

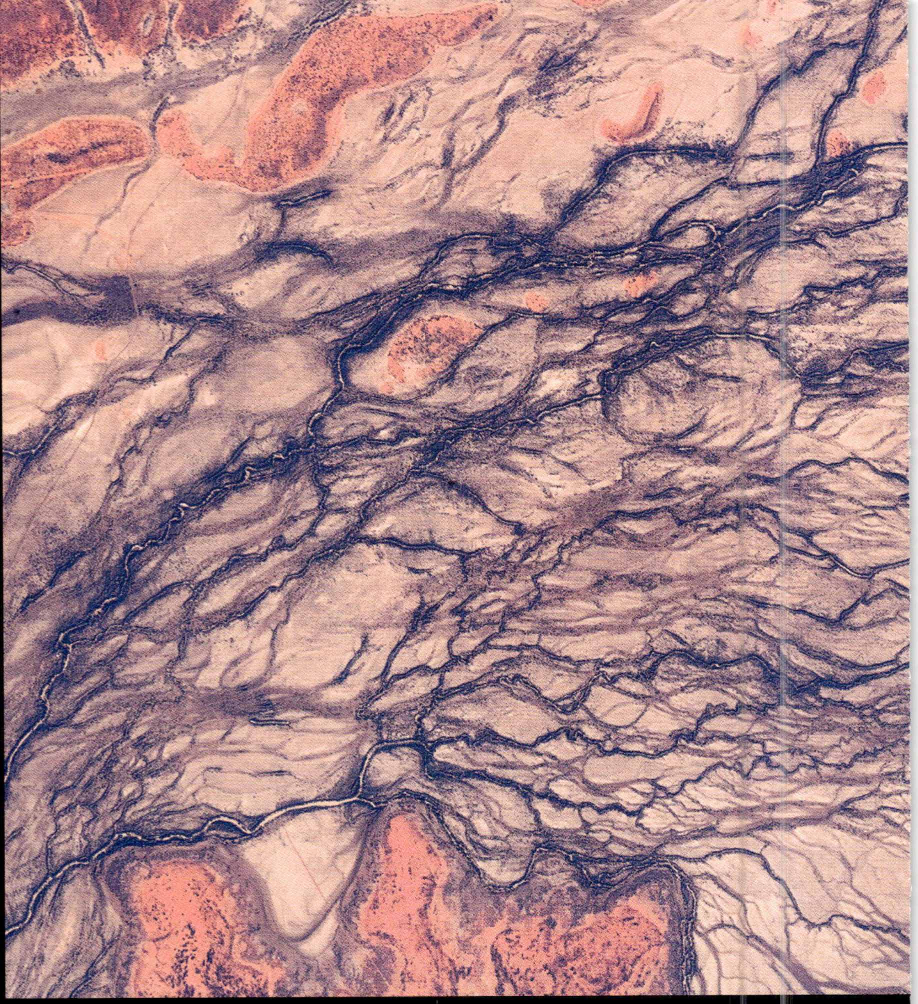

DÜNENFELDER und Bergketten, platte Wüsten, uralte Felsmonolithen – das Outback Australiens wirkt für Gerst wie „ein offenes Geologiebuch“ (links). Der berühmte Inselberg Uluru (Ayers Rock) ist gut zu erkennen (links, unten rechts). Nur Flüsse und Seen sind vor allem im westlichen Teil dieser Wildnis relativ selten.
Die Aborigines, die das Outback seit mindestens 50 000 Jahren bevölkern, haben damit zu leben gelernt. Unter europäischen Siedlern aber kursiert im frühen 19. Jahrhundert die Wunschvorstellung, ein Fluss wie der Nil oder der Amazonas, vielleicht gar ein Binnenmeer müsse im Inneren des Hinterlandes verborgen sein. Thomas John Maslen, ein Leutnant aus der Ostindien-Kompanie, der Australien nie bereist hat, zeichnet 1827 sogar eine genaue, nur eben frei erfundene Karte dafür (rechts oben) – und empfiehlt Kamele als beste Lasttiere zur Erkundung.
Zwei Jahre später kann ein Expeditionsteam den Mythos vom Binnenmeer in Australien auflösen. Kamele allerdings werden tatsächlich als Lasten- und Expeditionsträger eingeführt (rechts unten). Nur verbreiten sie sich im Outback so rasch, dass sie heute als Plage gelten.

„Sie [‚die Insel'] ist auf keiner Karte verzeichnet.
WAHRE ORTE sind das nie."

HERMAN MELVILLE (1819–1891), SCHRIFTSTELLER, IM ROMAN „MOBY DICK"

Ja, das ging mir im Studium auch so: Ich wollte tauchen lernen und habe dann unter anderem in Honduras tagelang die Korallenriffe erkundet, zunächst jedoch per Schnorchel.

Was mich auch immer schon fasziniert hat: Jede Epoche hat ihre eigenen weißen Flecken, die es noch zu entdecken gibt. Mein Vater hatte bei uns zu Hause in seinem Arbeitszimmer eine historische Weltkarte aus dem frühen 16. Jahrhundert aufgehängt. Da habe ich als Kind oft neugierig davorgestanden: Die Küsten sind größtenteils schon präzise gezeichnet und eng beschriftet, aber in der Mitte der Landmassen sind weite Flächen ganz leer – einfach, weil man vom Inneren Afrikas oder von vielen Inseln noch kaum etwas wusste. Australien, Amerika und die Antarktis sind auf der Karte noch nicht einmal eingezeichnet! Ich finde, an Karten kann man sehr gut erkennen, dass Menschen sich schon immer dafür interessiert haben, was hinter dem Horizont liegen könnte: Erst waren es nur Fantasien oder Vermutungen, später dann echte Erkenntnisse.

Genau, dieser Antrieb zieht sich durch die gesamte Menschheitsgeschichte!

Ich werde ja oft gefragt, was der wichtigste Grund dafür ist, dass wir Menschen ins All fliegen. Und natürlich gibt es eine Menge sehr guter, naheliegender Gründe: zur Forschung und Technologieentwicklung, zur Stabilisierung der internationalen Zusammenarbeit, zur Inspiration.

Der eigentliche, das alles zusammenfassende Grund aber ist: Wir Menschen sind Entdecker! Neugier liegt uns im Blut, sie ist eine Grundeigenschaft unserer Spezies.

Zu jeder Zeit hat es Menschen gegeben, die an einer Küste standen, aufs Meer geschaut und sich dabei gefragt haben: Was ist dahinter? Genauso wie Tausende Generationen den Himmel beobachtet haben, den Lauf der Sterne und der Planeten – und ahnten, dass da draußen etwas Besonderes ist, was sie nur noch nicht ganz erfassen können.

Seit einigen Jahrzehnten erst, im Vergleich nur ein Wimpernschlag, sind wir nun in der Lage, tatsächlich über den Himmel hinaus zu fliegen, unseren Planeten zu verlassen und von außen auf unsere Erde zurückzuschauen. Das hat unser Selbstverständnis als Menschheit revolutioniert. Also ist es nur logisch, dass wir als Nächstes unseren Blick noch mal weiter nach außen richten – zu unseren Nachbarn im All.

Es heißt: Die Neugier verstärkt sich selbst. Mit jeder Entdeckung tun sich Dutzende neuer Fragen auf. Hast du das auf deinen Missionen auch so erlebt?

Ja klar, immer wieder. Umgekehrt aber entdeckt man nebenbei auch oft Dinge, nach denen man gar nicht gesucht hat: Auf der

ANTARKTISCHES TRAUMWETTER: Während der Feldforschung am Mount Erebus sinken die Temperaturen an manchen Tagen auf bis zu 40 Grad unter null

AMERIKANISCHER TRAUM: Ins sonnige Kalifornien sehnen sich Europäer bereits, noch bevor erste Kundschafter seine Küste erreichen. Ein spanischer Ritterroman beschreibt es 1510 als sagenhafte Insel, die westlich von Indien liege, „dicht am irdischen Paradies“, und bewohnt sei von Amazonen mit Waffen aus purem Gold. Tatsächlich weisen Amerika-Karten bis ins 18. Jahrhundert Kalifornien als Insel aus (wie jene von Nicolas de Fer, 1720, rechts). Hätten die Träumer doch schon ins All reisen können! Von der ISS ist klar zu erkennen, wie Baja California an den Kontinent anknüpft

GERADEZU MAGISCH erscheinen Gerst von der ISS aus die hohen Himalaya-Gipfel rund um den krönenden, 8848 Meter hohen Mount Everest. Den Titel als höchster Berg des Planeten erhält dieser bereits 1856 – durch eine Landvermessung der Briten aus über 64 Kilometer Entfernung. Den ersten belegten Aufstieg zum Gipfel selbst aber – zum „dritten Pol der Erde“, wie man ihn ehrfürchtig nennt – schaffen erst knapp 100 Jahre später die Bergsteiger Edmund Hillary und Tenzing Norgay: am 29. Mai 1953

„Das haben wir noch nie probiert, also geht es SICHER GUT."

PIPPI LANGSTRUMPF

Raumstation sind wir mehrfach bei Experimenten auf unerwartete Phänomene gestoßen, aus denen sich ganz neue Möglichkeiten ergeben haben – zum Beispiel auf eine unbekannte Art von Flamme, die bei relativ niedrigen Temperaturen brennt und deshalb bei der Entwicklung von schadstoffärmeren Motoren und Turbinen helfen könnte.

Deshalb ist es auch ein gewaltiger Irrtum, wenn Menschen denken: Warum sollen wir noch mal zum Mond fliegen, wenn wir doch schon mal da waren? Ich finde, das ist so ähnlich, als besuche man für ein Wochenende Europa und glaube danach, man wisse schon alles über den Kontinent. Das ist deutlich zu kurz gedacht.

Wenn man bereit ist, sich immer wieder auf unbekannte Situationen einzulassen, wird es jedenfalls niemals langweilig. Weißt du noch, wie uns im Zeltlager am Mount Erebus in der Antarktis mal nachts ein Schneesturm überrascht hat?

Ja, klar: Ich bin morgens aufgewacht und der Reißverschluss meines Schlafsacks war eingefroren …

… weil die Temperatur in den Zelten auf 35 Grad unter null abgefallen war und unser Atem daher sofort an den Kragen der Schlafsäcke festfror. Das fühlte sich an, als wache man morgens in einer Ritterrüstung auf.

Ich weiß noch genau: Ich wollte den Reißverschluss auftauen, indem ich dagegengehaucht habe. Leider bin ich dabei mit dem Mund zu nahe an das Metall gekommen und sofort festgefroren. Beim Abziehen habe ich mir die Lippe blutig gerissen … Anfängerfehler!

Stimmt! Dafür hatte ich in dem Sturmgeheul dieser Nacht nur so wenig geschlafen, dass ich am Tag in der Schutzhütte dann im Sitzen über den Vulkanologie-Büchern eingenickt bin: Da hattet ihr Forscher auch gut zu lachen.

Immerhin hatten wir beide am Vortag daran gedacht, Schneeblöcke aus dem Boden zu sägen und daraus Schutzmauern um unsere Zelt zu bauen. Bei zwei anderen sind im Sturm nachts die Zeltgestänge zerbrochen.

Ja, die beiden mussten die ganze Nacht hindurch wach bleiben und von innen die Zelte festhalten!

Aber so ist das eben bei Expeditionen. Man lernt Dinge, die man sich niemals anlesen könnte: durchzuhalten, auch wenn die Umstände schlecht sind. Zu improvisieren. Und sich auch einzuordnen in eine Gruppe, aus der man nicht einfach ausbrechen kann.

Auf diesen Erfahrungen in der Antarktis und an den anderen Vulkanen habe ich später als Astronaut sehr gut aufbauen können: So wird der Horizont Stück für Stück immer weiter.

Und immer, wenn wir von einer Expedition zurückkommen, sind wir Menschen ja auch erstaunlich gut darin, die Strapazen schnell zu vergessen und uns schon wieder zu freuen – auf die nächste, spannende Reise ins Unbekannte. Dabei haben wir dann unterbewusst schon unseren Komfortbereich erweitert – und sind beim nächsten Abenteuer bereit, ein Stück weiter zu gehen.

GRANDIOSE AUSSICHTEN sind der Lohn für die Mühe, die Vulkanologen am Kraterrand des Mount Erebus auf sich nehmen: Manchmal reicht der Blick von den Eistürmen am Vulkan, die durch gefrorenen Dampf aus der Tiefe entstehen, bis zu den Transantarktischen Bergen in 100 Kilometer Distanz

ZEITREISE: Bis heute sehen Polarforschungs-Expeditionen zum Teil noch ähnlich aus wie zu Zeiten von Shackleton, Scott und Amundsen. Die Zelte etwa, die Gerst (links) und sein Team 2002 bei der Vorbereitung für einen Aufbruch ins Transantarktische Gebirge einsetzen, sind noch genauso gebaut wie jene zur Zeit der Jahrhundertwende: Die Konstruktion hält selbst Stürmen von mehr als 100 Kilometern pro Stunde stand

ERINNERUNGSSTÜCK
Historische Karten wie diese von 1757, auf der Ost- und Westantarktis noch als zwei eigenständige Landmassen dargestellt sind, helfen heute zwar nicht mehr bei der Orientierung im Eis. Aber sie rufen uns in Erinnerung, dass sich unser Bild von der Welt durch Entdeckungen immer weiter verändert – und auch unser heutiges Wissen keineswegs absolut ist

PERSPEKTIVWECHSEL: ein Sonnenuntergang auf der Erde – vom Weltraum betrachtet. Entdecker aller Epochen haben erfahren: Es lohnt sich, das Weite zu suchen, um scheinbar Bekanntes mit neuen Augen zu sehen und wertzuschätzen

ALLEINE KÄMEN WIR NIRGENDWOHIN

DER KOMMANDANT UND SEIN SCHIFF

DAS SOYUZ-RAUMSCHIFF wird zwei Tage vor dem Flug zur Startrampe vorgefahren und präpariert

ABFLUGBEREIT: Am Morgen des 6. Juni 2018 machen Serena Auñón-Chancellor (USA), Sergey Prokopyev (Russland) und Alexander Gerst sich vom Raumfahrtzentrum in Baikonur auf den Weg zur Rakete, die sie ins All bringen wird (oben). Letzte Gelegenheit, sich von Freunden und Angehörigen zu verabschieden (rechts)

SERGEY PROKOPYEV, Kommandant der Soyuz-MS-09, beim Einstieg. „Das Foto zeigt gut, wie allein wir beim Aufbruch letztendlich sind", sagt Gerst. „Die Zuschauer jubeln und gehen nach Hause, für uns aber gibt es in diesem Moment kein Zurück mehr"

AUÑON-CHANCELLOR

„Wenn du mit einer Rakete startest, fliegst du sie nicht wirklich. Du versuchst einfach nur, IRGENDWIE MITZUKOMMEN.“

MICHAEL P. ANDERSON (1959–2003), ASTRONAUT

GEBALLTE FEUERKRAFT: Um die 300 Tonnen schwere Soyuz-Rakete zu starten, erzeugen die Triebwerke der ersten und zweiten Stufe durch die Zündung von flüssigem Sauerstoff und Spezialkerosin eine Leistung von 20 Gigawatt – was der elektrischen Leistung von zehn Kernkraftwerken entspricht. Aber sie feuern nur zwei Minuten lang: Jeder gewöhnliche Transatlantik-Flug verbraucht ebenso viel Kerosin

ÜBER DEN HIMMEL HINAUS: In nur acht Minuten erreicht das Soyuz-Raumschiff seine Endgeschwindigkeit von rund 28 000 Kilometern pro Stunde. In 100 Kilometer Höhe passiert es nach bereits drei Minuten die Grenze zum All. Auf knapp halbem Weg bis zur Raumstation: ein erster Blick zurück auf die Erde (unten)

„Ich sehe die Erde, ich sehe die Wolken! Es ist bewundernswert, was für eine SCHÖNHEIT!“

YURI GAGARIN (1934–1968), WELTRAUMPIONIER, 12. APRIL 1961

ANFLUG ZUM AUSSENPOSTEN DER MENSCHHEIT: Nachdem die ausgebrannten Raketenstufen erfolgreich abgesprengt sind, nähert sich die „Horizons“-Crew mit der Soyuz-MS-09 (links) innerhalb von zwei Tagen langsam dem Orbit der Raumstation in rund 400 Kilometer Höhe – und koppelt sie schließlich zentimetergenau an die ISS an. „Es fühlt sich an wie nach Hause zu kommen“, meint Gerst

CUP1-W1
AUDIO TERMINAL UNIT

ZURÜCK BEI DEN STERNEN: Es dauert nicht lange, bis Gerst sich bei seiner zweiten Mission wieder an die Schwerelosigkeit auf der ISS gewöhnt. „Meine Füße und Hände haben sich unterbewusst noch daran erinnert, wo Schlaufen und Griffe sind", sagt er. Auch die Soyuz-Kapsel hat den Anflug gut überstanden: Von der ISS-Kuppel aus gut zu sehen, bleibt sie startbereit an die Raumstation angedockt

Um aufzubrechen zu neuen Ufern, haben Menschen sich stets belastbare Unterstützer gebaut: von Segelbooten über die ersten Flugzeuge bis hin zu Raumschiffen wie der Soyuz-Kapsel. Welche Erfindung bringt uns als Nächstes voran?

Im Juni 2018, bei deiner zweiten Mission zur ISS, habe ich in Baikonur miterlebt, wie du und deine beiden Kollegen Serena Auñón-Chancellor und Sergey Prokopyev mit der Soyuz-MS-09 zu den Sternen gestartet seid. Das war wahnsinnig eindrucksvoll: Aus den Triebwerken der Rakete kam ein so gleißendes Licht, als schaue man mitten ins Zentrum der Sonne hinein, und selbst auf der Zuschauerplattform, anderthalb Kilometer von der Startrampe entfernt, war zu spüren, wie sich die Donnerwellen der Zündung über der Steppe Kasachstans ausbreiteten.

Euer Raumschiff hat euch in zweieinhalb Tagen, in denen ihr 34-mal um die Erde gekreist seid, zur ISS transportiert. Dort habt ihr es angekoppelt, und am Ende eurer Mission, im Dezember, seid ihr in derselben Soyuz-Kapsel wieder zurückgeflogen. Ist dir das Raumschiff ans Herz gewachsen?

Ja, das kann man so sagen. Schon während des Trainings durften wir uns den „Rohbau“ unseres Raumschiffs in Russland anschauen und das Metallgerippe mal anfassen. In Baikonur, in den Wochen vor dem Start, haben wir dann noch mehrere Tests durchgeführt, bei denen wir in der fertig eingerichteten Kapsel probesitzen und verschiedene Systeme wie das Kommunikationssystem prüfen mussten.

Dazu gehört dann zum Beispiel auch, Klettverschlüsse an den Stellen des Panels anzubringen, an die wir später beim Flug unsere Stoppuhren und Stifte fürs Protokoll anheften wollen. Viele Kleinigkeiten sind genau auf die Crew abgestimmt: die Sitzschalen etwa. Oder: Wo deponiere ich mein Headset, die Prozedurbücher, den Sauerstoffschlauch, mein Tablet, meine Handschuhe, sodass ich im engen Cockpit alles erreiche?

Auch auf der ISS, wenn mehrere Raumschiffe angedockt sind, würde niemand in eine fremde Soyuz-Kapsel hineinschweben, ohne vorher um Erlaubnis zu fragen. Die Kapsel gehört ihrer Crew, und im Notfall darf darin ja auch wirklich nichts fehlen oder verstellt sein. Das ist überlebenswichtig.

Raumschiffe des Soyuz-Typs fliegen bereits seit Jahrzehnten zur ISS. Ihre Grundstruktur geht sogar noch auf die Konstruktion zurück, mit der Yuri Gagarin 1961 als erster Mensch überhaupt ins All abhob. Ein geniales System?

Ja, wenn man sich im Detail damit auseinandersetzt, ist es eigentlich kaum zu glauben, dass Menschen sich etwas so Cleveres ausdenken können: Die Soyuz ist sehr fehlertolerant aufgebaut. Nahezu jedes Element kann – wenn es ausfällt – von einem anderen, abweichend konstruierten Systemteil ersetzt werden. Wir haben zum Beispiel gleich drei Zentralcomputer, die unabhängig voneinander arbeiten. Oder ein Navigationssystem über Satelliten und zusätzlich noch ein anderes, das sich an der Infrarotstrahlung und Bewegungsrichtung der Erde orientiert.

Wenn nötig, wäre die Kapsel sogar vollkommen analog steuerbar, über Knöpfe, Drähte und Spulen. Ich bräuchte nur eine Armbanduhr, um im richtigen Augenblick mein Bremstriebwerk an- und auszuschalten, und könnte uns sicher zur Erdoberfläche zurückbringen.

Außerdem wird die Soyuz seit Jahren kontinuierlich, aber bewusst langsam weiterentwickelt. Ein konservativer Ansatz, wie so oft in der astronautischen Raumfahrt.

Mit Erfolg. Die Soyuz gilt als erfolgreichstes Raumschiff, das je gebaut wurde. Mehr als 1700 Starts wurden mit den Kapseln und Raketen aus dem Programm bereits absolviert, und seit Jahrzehnten sind keine fatalen Unfälle aufgetreten.

Das System ist in der Tat sehr verlässlich. Nur stehen wir damit jetzt vor demselben Dilemma, das schon viele Entdecker in der Geschichte zu lösen hatten: Mit welchem Gefährt kommen wir weiter über den Horizont hinaus?

MEILENSTEINE

Gefährten des Aufbruchs

Vom Auslegerkanu bis zu den Raumschiffen für die nächsten Schritte ins All

um 50 000 v. Chr.

...gelangen wagemutige Pioniere in **AUSLEGERKANUS** von Asien zu entfernten Pazifikinseln. Die Untersuchung von Meeresströmungen zeigt: Die Steinzeit-Segler konnten gezielt navigieren

1500 v. Chr.

...segeln ägyptische Entdecker und Händler unter der Herrschaft der Pharaonin Hatschepsut auf **BARKEN** mit lang gezogenem Kiel zum sagenumwobenen Goldland Punt am Horn von Afrika. Sie bringen Weihrauch, Edelsteine und Elfenbein, Myrrhebäume und Panther zurück

500 v. Chr.

...legen phönizische Seefahrer mit **KONTEREN**, angetrieben von Segeln und bis zu 50 Ruderern, weite Distanzen zurück: unter anderem entlang der Westküste Afrikas

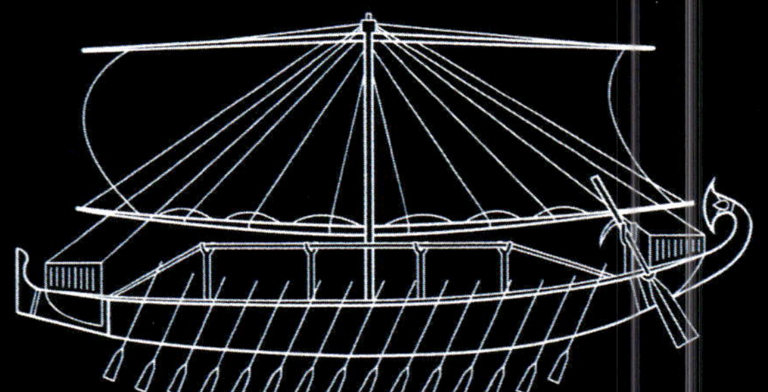

ALOHA! Die Neuankömmlinge werden herzlich an Bord begrüßt: Die dreiköpfige ISS-Besatzung, die sich den Team-Namen „Hawaii“ gegeben hat, trägt zur Feier passende Shirts

970 n. Chr.

… verfügen die Wikinger über wetterstabile **LANGSCHIFFE,** die sie per Seitenruder und Rahsegel steuern. Mit ihnen kreuzen die Nordeuropäer über die Ostsee und den Atlantik – bis nach Amerika

1405–1433

… dringt der chinesische Admiral Zheng He mit seiner Flotte aus „Schatzschiffen“ weit in den Indischen Ozean vor: Einige seiner **DSCHUNKEN** sind mehr als 120 Meter lang, tragen bis zu neun Masten und bis zu 20 Meter hohe Segel, die im Vollkreis geschwenkt werden können

ab 1400

… entwickelt sich von Portugal aus ein neuer, hochseetauglicher Schiffstyp: die **KARAVELLE.** Sie ist schneller und wendiger als die bisherigen europäischen Handelsschiffe und kann einer Vielzahl von Kursen folgen. Auch ihre Weiterentwicklung zu einer noch robusteren, dreimastigen Form, der Karacke, setzt sich in ganz Europa durch: Mithilfe der neuen Schiffstypen erkundet Vasco da Gama den Seeweg um Afrika bis nach Indien, Christoph Kolumbus erreicht die Karibik

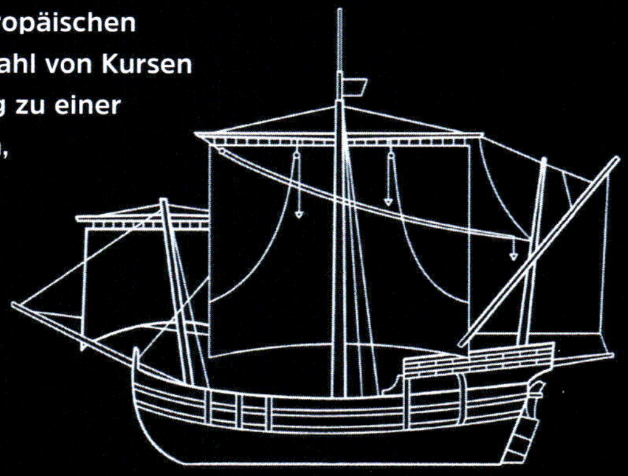

„Flugmaschinen, die SCHWERER ALS LUFT SIND, *kann es nicht geben.“*

LORD KELVIN (1824–1907), PHYSIKER

Das Altbewährte allein ist, wie so oft, zu wenig dafür. Die Soyuz zum Beispiel würde es niemals zum Mond oder gar bis zum Mars schaffen. Um wirklich zu neuen Ufern zu kommen, müssen wir neue Ideen für Technologien entwickeln, die unseren Handlungsradius ausdehnen.

Dabei können schnell Fehler auftreten.

Ja, das sehen wir in der Entdecker-Geschichte. Robert Falcon Scott zum Beispiel hat für das Rennen zum Südpol 1911 neben Ponys und Hunden erstmals auch Motorschlitten in der Antarktis verwendet, während die Norweger um Roald Amundsen lieber auf traditionelle Hundeschlitten vertraut haben.

Scotts Idee war an sich gut und hat sich in den Jahrzehnten danach auch durchgesetzt. Aber leider kam sie zu früh. Die Schneeraupen waren technisch noch nicht so weit ausgereift, dass sie den Bedingungen in der Eiswüste standhalten konnten. Für Scott und seine Gefährten war das ein tödlicher Fehler.

Umgekehrt hat oft erst die Entwicklung von neuen Fortbewegungstechnologien große Entdeckungen möglich gemacht: im 15. Jahrhundert zum Beispiel die Erfindung von neuen, hochseetauglichen Schiffen, den Karavellen, die schnell und sicher auf vielen Kursen zu segeln waren. Auch Christoph Kolumbus hat diesen Schiffstyp für seine Atlantikreise verwendet. Später kamen dann Stahljachten, Luftschiffe, Flugzeuge, Tauchboote auf. Jede dieser Innovationen hat Menschen in neue, bis dahin unerforschte Gebiete der Erde geführt und damit unser Wissen erweitert. Seither entwickelt die Technik sich immer schneller – auch in der Raumfahrt. Hast du das zwischen deiner ersten und zweiten Mission spüren können? Hat sich von 2014 bis 2018 sehr viel getan?

Ja und nein. Wir hatten beim zweiten Flug zum Beispiel eine neue Satellitennavigations-Antenne an Bord und ein besseres Display im Cockpit. Und immer mehr analoge Raumschiff-Bereiche wurden durch digitale Systeme ersetzt. Das scheinen nur kleine Änderungen zu sein. Im Vergleich ändern sich Mobiltelefone natürlich schneller

1783

...starten die Brüder Etienne und Joseph Montgolfier zur ersten bemannten Fahrt eines **HEISS-LUFTBALLONS:** Sie dauert knapp 30 Minuten und trägt sie rund neun Kilometer weit

1891

...gelingen dem Berliner Ingenieur Otto Lilienthal **GLEITFLÜGE** mit Apparaten, die Flügel von Vögeln nachahmen: Sie bestehen aus Weidenholz-Sparren, die der Erfinder mit Baumwolltuch überspannt hat

1892

...lässt der Polarforscher Fridtjof Nansen ein **EXPEDITIONSSCHIFF** mit abgerundetem Rumpf bauen, das zwischen den Eisschollen der Arktis aufschwimmt und nicht zerdrückt wird: die „Fram“

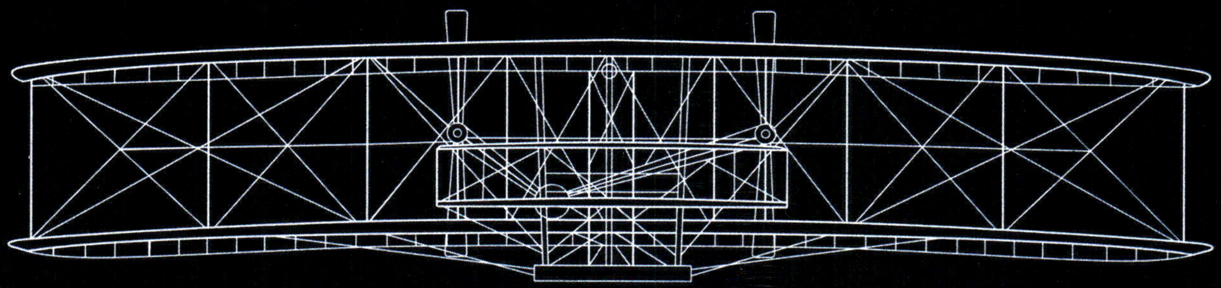

1903 – Die Flugmaschine

Es ist ein kalter, windiger Tag im Dezember, als an einem kleinen Strand des US-Bundesstaats North Carolina ein Menschheitstraum in Erfüllung geht: Die Fahrradhändler Orville und Wilbur Wright testen am 17. Dezember 1903 ein selbst gebautes Gefährt, den „Flyer". Es ist ein Doppeldecker, 275 Kilogramm schwer, im Wesentlichen aus tuchüberspannten Holzlatten aufgebaut. Über Fahrradketten treibt auf der unteren Tragfläche ein Motor den kleinen Propeller an, der am Heck angebracht ist. Der Pilot, Orville, muss sich bäuchlings neben den Motorkolben in ein Geschirr zwängen, mit dem er Höhen- und Seitenruder betätigt. Mehr als 200 Tragflächenformen haben die Brüder Wright in den Jahren zuvor in einem eigens entwickelten Windkanal ihrer Fahrradwerkstatt getestet – für diesen Moment: Als Orville das Halteseil löst, rollt der Flyer über die Startschiene, hebt tatsächlich ab und kommt sicher wieder zum Boden. 12 Sekunden war er in der Luft. Sekunden, die in die Geschichte eingehen: als erster vollständig kontrollierter Motorflug eines Menschen.

UNBEKANNTE TÜFTLER: Um ihre Prototypen zu testen, lassen die Brüder Wright sie zunächst wie Drachen steigen. Nach Hunderten von Versuchen gelingt ihnen der Durchbruch

FLUGTAUGLICH? In einem Außenbordeinsatz prüfen die Kosmonauten Sergey Prokopyev (im Bild oben) und Oleg Kononenko die Außenhülle der leckgeschlagenen Soyuz-MS-09 Kapsel. Die Reparatur des Lochs scheint geglückt zu sein: Gerst und sein Team werden mit ihrer Kapsel den Rückflug zur Erde antreten können

als Raumkapseln. Aber man stirbt auch nicht gleich, wenn eine neue Funktion darin noch nicht reibungslos funktioniert.

Kann eure Erfahrung als Astronauten mit der Soyuz-Kapsel jetzt in die Entwicklung der nächsten Raumschiff-Generation einfließen?

Absolut! Großartig ist zum Beispiel, wie die Soyuz-Konstruktion das Prinzip berücksichtigt, dass es beim Aufbruch ins Unbekannte oft anders kommt, als man sich vorher vorstellen kann. Statt also zu versuchen, möglichst viele Situationen genau vorherzusehen und an spezifischen Lösungen dafür zu feilen, haben die Entwickler des Soyuz-Raumschiffs sich für ein Design entschieden, das sehr resilient ist, also mit vielen Situationen zurechtkommt, ohne dass wir diese Szenarien vorher genau kennen müssen.

Zum Beispiel ist die Kapsel von ihrer Massenverteilung her so geformt, dass sie sich auf dem Rückweg zur Erde – selbst wenn alle Steuerungsdüsen ausfallen und wir keine Kontrolle mehr über sie haben – im Luftstrom so ausrichtet, dass sie beim Wiedereintritt in die Erdatmosphäre ihr Hitzeschild stets nach vorne dreht.

Für Astronauten ist es deshalb zwar in der Kapsel wahnsinnig eng und unbequem. Aber der Grundgedanke hat sich bewährt.

Vielleicht muss man auch sagen: Nur so fehlertolerante Systeme wie die Soyuz-Technik erlauben es, im erdnahen Orbit lange genug zu trainieren, um die nächsten Schritte der Raumfahrt überhaupt wagen zu können: den Aufbau einer Station, die permanent um den Mond kreist, und dann den Aufbruch zum Mars.

So wie Seefahrer früher ihre Manöver und Bootskonstruktionen zunächst in küstennahen Gewässern getestet haben, bevor sie weitergesegelt sind, probt ihr Astronauten jetzt auf der ISS für „Fernreisen“ in den Kosmos. Seit über 20 Jahren ist die Raumstation durchgängig in Betrieb, und das hat sie unter anderem dem Soyuz-System zu verdanken: Ohne die russischen Raumschiffe hätte es nach dem Ende des Spaceshuttle-Programms der

МИШЕНЬ
КОНТРОЛЯ
СОЮЗ
РКК ЭНЕРГИЯ

GEDENKSTEIN: Bis heute starten Soyuz-Raketen in Baikonur von derselben Rampe, die schon Yuri Gagarin als Sprungbrett ins All diente (rechts unten). Als Andenken lässt Gerst ein kleines Betonstück davon in der Kuppel der ISS schweben

NASA 2011 keinen Weg mehr ins All gegeben. Erst seit 2020 können Astronauten mit der „Crew Dragon"-Kapsel auf ein alternatives Transportmittel zur ISS zurückgreifen.

Für deine zweite Mission, als einer der beiden Piloten, hast du dich noch intensiver mit der Soyuz befasst als beim ersten Flug: Wie gut müsst ihr Astronauten das Raumschiff eigentlich kennen – und gegebenenfalls reparieren können?

Nun, man muss einsehen: Diese Systeme sind von einem einzelnen Menschen nicht mehr zu überblicken, sie übersteigen unseren Verstand. Niemand kennt die ISS oder auch die Soyuz in- und auswendig, selbst die schlauesten Köpfe der Welt wären dazu nicht in der Lage.

Deshalb konzentrieren wir Astronauten uns im Training ja auch vor allem darauf, das Raumschiff bei Komplikationen bis zur Belastungsgrenze unter Kontrolle zu halten: Über Stunden geht dann im Simulator ein System nach dem anderen kaputt, ein Triebwerk fällt aus, die Luftzufuhr stoppt, Sensoren spielen verrückt, ein Feuer bricht aus. Wir können die meisten Fehler zwar nicht beheben, aber das müssen wir eben auch nicht. Dafür gibt es die vielen Sicherheitsschleifen. Unsere Aufgabe ist es, zu überleben – und dabei möglichst unsere Mission noch erfolgreich zu Ende zu führen.

Bei meinem zweiten Flug allerdings gab es dann doch einen Ausnahmefall und tatsächlich für uns im All eine echte Reparatur am Schiff zu erledigen: Die Soyuz-Kapsel hatte, nachdem sie einige Monate schon an der ISS angekoppelt war, plötzlich ein Leck! Die Bodenstation hat das zuerst bemerkt, weil der Luftdruck in der gesamten Station über Nacht merklich absank. Zum Glück anfangs nur relativ langsam, dann jedoch immer schneller. Wir mussten natürlich sofort alle Segmente der ISS überprüfen und haben die undichte Stelle mit einem Ultraschallsensor gefunden: In der millimeterdünnen Außenwand unserer MS-09-Kapsel klaffte ein kreisrundes Loch, etwa drei Millimeter im Durchmesser! Es muss bei der Vorbereitung des Starts entstanden und mit Klebstoff abgedeckt worden sein, und dann hat die Abdeckung sich nach und nach gelöst.

1911

…setzt Robert Falcon Scott in der Antarktis die ersten **SCHNEERAUPEN** ein, aber scheitert damit

1926

…zündet der US-Amerikaner Robert Goddard die **FLÜSSIG-TREIBSTOFF-RAKETE** „Nell". Er gilt als „Vater der Raumfahrt-Technik"

1931

…steigt der Physiker und Erfinder Auguste Piccard, begleitet von seinem Assistenten Paul Kipfer, mit dem selbst entwickelten **STRATOSPHÄREN-BALLON** „FNRS-1" über Augsburg auf eine Rekordhöhe von 15 781 Metern: Piccard misst im Himmel die kosmische Strahlung – und bestätigt so Teile der Relativitätstheorie seines Freundes Albert Einstein

1960

…dringen die Abenteurer Jacques Piccard und Don Walsh mit dem **TAUCHBOOT „TRIESTE"** zur tiefsten Stelle der Weltmeere vor: zum Boden des Marianengrabens, 10 910 Meter unter der Oberfläche des Pazifiks

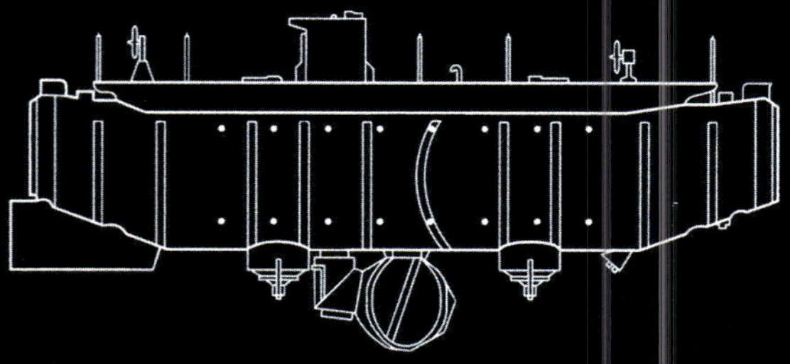

BEWEGUNGSLOS in das winzige Cockpit der „Vostok“-Kapsel gezwängt, muss Yuri Gagarin den ferngesteuerten Flug ertragen. Im Notfall könnte der Kosmonaut eigenständig die Rückkehr zur Erde einleiten

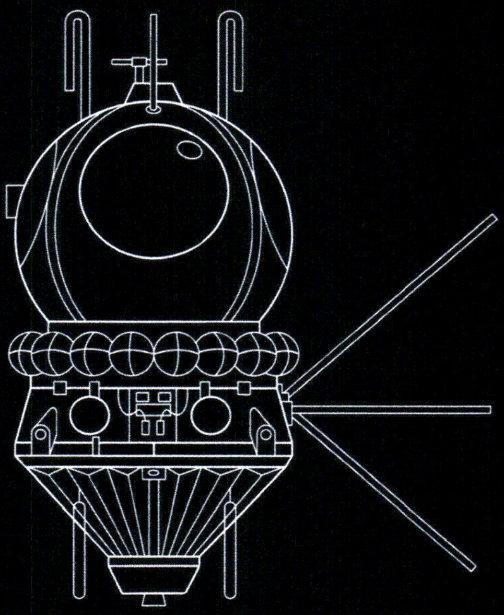

Yuri Alekseyevich Gagarin

1961 – Aufbruch ins All

Am 12. April 1961 gewinnt die Sowjetunion das Rennen gegen die USA, als erste Nation einen Menschen ins All zu bringen: Die Raketentechnik ist noch sehr fehleranfällig; und wie die Kräfte bei Start und Landung, die Schwerelosigkeit und die extremen Temperaturunterschiede verkraftbar sind, weiß noch niemand genau.

Der 27-jährige Kampfpilot Yuri Gagarin, Sohn eines Bauern, bekannt für seine Besonnenheit und sein selten versiegendes Lächeln, geht das Wagnis ein: Vom geheimen kasachischen Raumbahnhof Baikonur aus startet er mit der Raumkapsel „Vostok-1“ und kreist eine Stunde und 48 Minuten lang um die Erde. „Ich sehe Wälder, ich sehe die Wolken. Wie herrlich!“, funkt er zur Erde – bevor er auf einem Feld in der Nähe der Wolga, zwischen den Städten Engels und Saratow, wieder landet.

Russland feiert Gagarin als Volkshelden; bis heute hält der Personenkult an. Er selbst kehrt in die Armee zurück, doch bei einem der ersten Trainingsflüge im Frühjahr 1968 stürzt er gemeinsam mit seinem Co-Piloten bei Moskau ab.

ENDLICH: Nach Stunden des Wartens kippen die Kabelmasten an der Rakete zurück, und die Zündung setzt ein. „Los geht's!“, funkt der Pionier

KEHRTWENDE: Beim Flug der Soyus-MS-10, die am 11. Oktober 2018 zwei neue Raumfahrer zur ISS bringen soll, explodiert die Trägerrakete. Das Rettungssystem sprengt die Kapsel automatisch ab – und leitet die Notlandung ein. Die Crew ist im obersten Teil der drei Kapselteile

War das eine lebensbedrohliche Situation?

Je nachdem, wie man es sieht. Wirklich kritisch für unser Überleben war das Leck in dem Moment nicht mehr, weil die Kapsel ja bereits an das sehr große Luftvolumen der Raumstation angebunden war und wir dadurch mehrere Tage Zeit hatten, das Problem zu lösen.

Im schlimmsten Fall hätten wir die Mission abbrechen und sofort nach Hause zurückkehren müssen: kein ungefährliches Unterfangen in einem undichten Raumschiff – auch wenn das Leck glücklicherweise in einem Modul war, das kurz vor dem Wiedereintritt in die Erdatmosphäre ohnehin abgesprengt wird.

Aber wäre der Klebstoff über dem Loch schon beim Anflug zur ISS abgeplatzt, zum Beispiel als wir nachts schlafend in unseren Schlafsäcken steckten, dann wären Serena, Sergey und ich in akuter Lebensgefahr gewesen. Der Luftdruck in der Soyuz-Kapsel wäre in weniger als einer Stunde auf einen kritischen Wert gesunken. Wir hätten sofort die Raumanzüge anziehen und eine Notlandung einleiten müssen – ein ziemlich kniffliges Manöver, vor allem wenn man das Problem noch nicht ganz erfasst hat und keine Hilfe von der Bodenstation bekommen kann.

Und wie habt ihr den Schaden behoben?

Wir konnten das Leck versiegeln – erst mit dem Finger, dann mit Klebeband, dann mit einem Gummistöpsel und schließlich mit einem Pfropfen, den wir aus einer Mullbinde und Epoxidharz zusammengebastelt hatten. So eine Reparatur hat es vorher noch nie gegeben auf der Station. Zum Glück hat sie funktioniert: Die Soyuz ist schließlich auch unsere Rettungskapsel, falls wir in einem Notfall von der Station flüchten müssten. Sie ist das Wichtigste, was wir haben da oben. Unsere Lebensversicherung.

Als Piloten und Bordingenieure könnt ihr beim Hin- und Rückflug die Steuerung der Soyuz jederzeit übernehmen, im Normalfall aber regelt die Kapsel das meiste per Automatik. Fällt es dir schwer, dem Raumschiff dein Leben anzuvertrauen?

ALLE PARKPLÄTZE BELEGT: Vier Raumschiffe gleichzeitig vor den Fenstern der ISS zu sehen, ist selbst für erfahrene Astronauten ein seltener Anblick. Im Dezember 2018 sind insgesamt sogar sechs Vehikel zugleich an der ISS angedockt: zwei Soyuz-Kapseln, zwei Progress-Transporter sowie eine Cygnus- und eine Dragon-Kapsel. Die Raumstation ist bis zur Kapazitätsgrenze ausgelastet

DAS ANTRIEBSSTÄRKSTE GEFÄHRT, das in der Raumfahrt jemals entwickelt wurde: die Saturn-V-Rakete beim Start

ER GILT ALS SCHÜCHTERN UND STILL, aber mit seiner Nervenstärke rettet er die Mission: Neil Armstrong, Kommandant des „Apollo 11"-Flugs

„APOLLO 11"

1969 – Helden im Mondstaub

Es ist ein ambitioniertes Ziel, das Präsident J. F. Kennedy 1961 für die USA definiert hat: „Ich glaube, dass unsere Nation sich verpflichten sollte, vor dem Ende dieser Dekade einen Mann zum Mond zu bringen und sicher wieder zurück zur Erde." Bis zu 400 000 Menschen sind dafür im „Apollo"-Programm beschäftigt. Doch immer wieder kommt es zu technischen Rückschlägen – auch beim „Apollo 11"-Flug: Im anvisierten Landegebiet auf dem Mond liegen zu viele große Gesteinsbrocken, und der Computer zeigt unverständliche Fehlermeldungen an. Kommandant Armstrong steuert die „Eagle"-Fähre per Hand, sucht weiter – und findet im Staub einen sicheren Landeplatz: nur 20 Sekunden, bevor der Treibstoff für eine Rückkehr zur Erde nicht mehr gereicht hätte.

Nach 2,5 Stunden auf dem Trabanten der Erde kehren Armstrong und Aldrin zur Kommandokapsel zurück, die – gesteuert von ihrem Kollegen Michael Collin – im Mondorbit kreist.

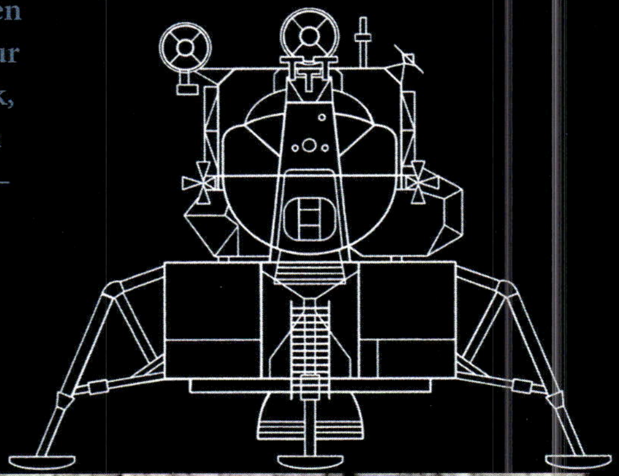

„Houston, hier ist Tranquility Base. Der ADLER ist gelandet.“

NEIL ARMSTRONG (1930–2012), ERSTER MENSCH AUF DEM MOND, 20. JULI 1969

Nein, eigentlich nicht. Das ist wie im Auto: Du möchtest zwar gerne die Kontrolle über die Lenkung, das Gaspedal und die Bremsen haben, aber dennoch bei einem Unfall nicht selbst entscheiden müssen, ob dein Airbag nun auslösen soll oder nicht.

Beim Andocken an die Raumstation mussten Kollegen von mir vor einigen Jahren zum Beispiel einmal auf die manuelle Steuerung der Soyuz umschalten, weil ein Sensor defekt war und das Raumschiff sich sonst automatisch in einen Orbit mit großem Abstand zur ISS manövriert hätte, um eine Kollision auszuschließen. Das ist dann zwar erst mal sicher, aber es kann gut passieren, dass nicht genug Treibstoff für einen zweiten Andockversuch übrig bleibt und man unverrichteter Dinge wieder nach Hause zurückfliegen muss.

Beim Start der Soyuz-MS-10 hingegen, die im Oktober 2018 unsere Kollegen Nick Hague und Alexey Ovchinin als Verstärkung zur ISS hätte bringen sollen, musste es schnell gehen: Als die erste Raketenstufe sich abtrennen sollte, hat ein Bolzen geklemmt, der Haupttank der zweiten Stufe wurde aufgerissen und ist explodiert. Zum Glück haben die Sicherheitssensoren der Soyuz das sofort registriert und die Kapsel innerhalb von Sekundenbruchteilen von der explodierenden Trägerrakete getrennt und auf einen Rettungskurs katapultiert. Das könnte ein Mensch in der kurzen Zeit niemals so überblicken, und man könnte ja auch gar nicht besser entscheiden in diesem Fall. Also macht es auch Sinn, sich in diesem Fall auf das Raumschiff blind zu verlassen.

Je mehr Szenarien solche automatischen Technologien in Zukunft besser lösen als wir Menschen, desto autonomer können wir sie auch fliegen lassen. Die Entwicklung bewegt sich natürlich in diese Richtung: Das hat das neue SpaceX-Dragon-Raumschiff bei seinem Jungfernflug demonstriert, und ein ähnliches Designkonzept hat auch das Boeing-Starliner-Raumschiff.

Als Astronauten haben wir auch nichts dagegen, nur noch die Grundsatzentscheidungen treffen zu müssen, die genaue Ausführung

1971

… bringt die Sowjetunion die ERSTE RAUMSTATION in den Erdorbit: die „Salyut-1“

1981–2011

… absolviert das Spaceshuttle der NASA 135 Flüge ins All: Die wiederverwendbare RAUMFÄHRE, die gleichzeitig Astronauten und schwere Frachten befördern kann, hilft unter anderem beim Aufbau der Raumstation ISS und des Weltraumteleskops Hubble. Nach zwei schweren Unfällen wird das wartungsintensive und fehleranfällige Programm eingestellt

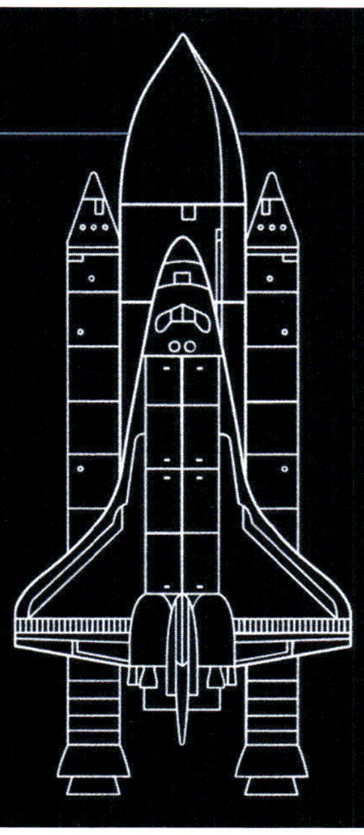

1998

… beginnt der Aufbau der INTERNATIONAL SPACE STATION (ISS), die seither von 16 Staaten betrieben und ständig weiterentwickelt wird. Seit November 2000 ist sie dauerhaft bewohnt: Mehr als 230 Raumfahrer waren bislang auf der ISS zu Gast. Für Hin- und Rückweg nutzten die meisten russische SOYUZ-KAPSELN und deren Trägerraketen

DRACHE IM RUNDFLUG: Die unbemannten Transporter des Typs „Dragon 1“ bringen bis zu sechs Tonnen an neuer Ausrüstung zur Station. Mit abgeschlossenen Experimenten beladen, kehren sie später eigenständig zur Erde zurück

„Du musst dem Raumschiff vorausfliegen. Wenn du denkst, alles läuft ganz entspannt, ist das ein gutes Indiz dafür, dass du gerade einen FEHLER *machst."*

ALEXANDER GERST

aber dem Raumschiff zu überlassen – soweit wir ihm trauen können, dass es die Dinge beherrscht. Und genau dieses Vertrauen baut man in der Raumfahrt nur langsam auf, durch viele erfolgreiche Missionen. Das müssen die neuen Raumschiffe erst einmal leisten. Die nächsten Jahre bleiben also spannend.

Wie die Weiten des Alls sind auch manche Lebensräume der Erde für uns als Menschen allein mit technischer Hilfe erforschbar: Welche Erkenntnisse aus der Raumfahrt könnten bei der Entwicklung von Tauchbooten für die Tiefsee, von Spezialflugzeugen zur Atmosphärenforschung oder von Robotern zur Erkundung extrem tiefer Höhlen besonders nützlich sein?

Was man in all diesen Fällen gut nutzen kann und auch sollte, ist der Grundgedanke der Raumfahrt, schon beim Design der Vehikel daran zu denken, wie sie mit Störfällen klarkommen. Dass es Prozeduren, Checklisten und Sicherheitsschleifen gibt, einen Plan B, C und D.

So wie beim U-Boot „Trieste", mit dem Jacques Piccard und Don Walsh im pazifischen Marianengraben 1960 als Erste den tiefsten Punkt in den Ozeanen erreicht haben: Es war so gebaut, dass im Notfall, wenn alle Stromsysteme versagen, automatisch die Ballasttanks abfallen und die Kapsel von selbst zur Oberfläche zurückkehrt. Sicher ist sicher.

Genau. Man kann leicht in Versuchung geraten, solche Sicherheitsvorkehrungen zu vernachlässigen, weil die Entwicklung dann schneller geht. Aber die Raumfahrt zeigt: Man kommt weiter, wenn man sich vorher genau überlegt, welche Gefahren man ausschließen sollte, und sich dazu einen Handlungsspielraum für unbekannte Situationen freihält.

Wenn du für eine Reise ins Sonnensystem selbst ein Raumschiff mitplanen könntest, was wäre dir dann besonders wichtig?

Es gibt ja Hunderte Punkte, die für ein Raumschiff absolut essenziell sind: das Lebenserhaltungssystem, die Navigation, der Antrieb,

2020

…glückt die erste bemannte Mission des US-amerikanischen Raumschiffs **„CREW DRAGON"** zur ISS – entwickelt vom Unternehmen SpaceX. Angetrieben von einer **„FALCON 9"- RAKETE** erreicht die Kapsel „Endeavour" mit zwei Astronauten am 31. Mai die Raumstation. Die erste Raketenstufe kehrt zur Erde zurück und kann für neue Flüge recycelt werden

2023

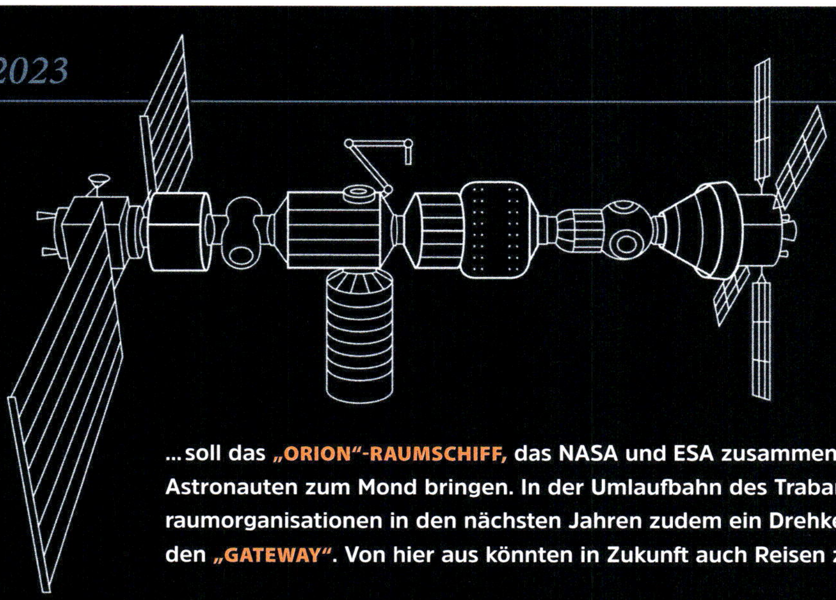

…soll das **„ORION"-RAUMSCHIFF,** das NASA und ESA zusammen entwickeln, erneut Astronauten zum Mond bringen. In der Umlaufbahn des Trabanten wollen die Weltraumorganisationen in den nächsten Jahren zudem ein Drehkreuz im All installieren: den **„GATEWAY"**. Von hier aus könnten in Zukunft auch Reisen zum Mars starten

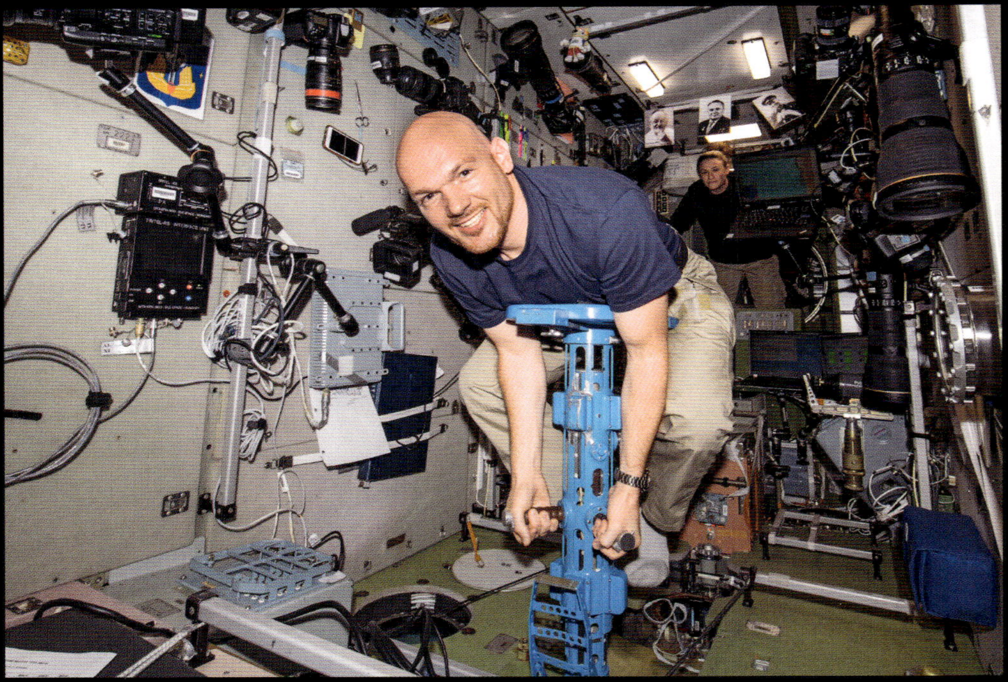

GEWICHTSMESSUNG IN DER SCHWERELOSIGKEIT: Eine Federkonstruktion lässt den Astronauten auf- und abwippen. Anhand der Schwingungsdauer wird die Körpermasse berechnet

DIE GUNST DES SCHWEBENS: Selbst große Geräte wie dieses fast tonnenschwere neue Lebenserhaltungssystem der ESA sind auf der Raumstation gut zu handhaben. Die Schwerelosigkeit tritt im Orbit auf, weil die ISS so schnell um die Erde rast, dass sie ständig „an ihr vorbeifällt“. An Bord aber ist die Geschwindigkeit von rund 28 000 Kilometern pro Stunde nicht zu spüren

DER EINZIGE AUSSENPOSTEN DER MENSCHHEIT IM ALL: Seit November 2000 ist die ISS dauerhaft bewohnt – von Raumfahrerinnen und Raumfahrern aus bislang 19 Nationen

BEREIT ZUM AUSSTIEG: „Horizons"-Kommandant Gerst soll eigentlich einen weiteren Außeneinsatz an der Station übernehmen. Doch wegen technischer Schwierigkeiten beim Start einer Rakete mit notwendigen Ersatzteilen muss die Aktion im letzten Moment gestoppt werden

die Systeme zur Thermoregulierung, zur Stromversorgung, für die Kommunikation und so weiter. Aber vorausgesetzt, dass das Raumschiff aus technischer Sicht gut durchdacht ist, gibt es für die Ingenieurinnen und Ingenieure auch zu bedenken: Achtet darauf, dass die Raumfahrerinnen und Raumfahrer in dem Schiff auch gut leben können!

Im Detail würde das zum Beispiel bedeuten, dass es ruhige Kojen gibt, in die man sich zurückziehen kann, aber ebenfalls einen gemütlichen Platz, um zusammenzusitzen und zum gemeinsamen Essen. Die Toilette sollte nicht unmittelbar danebenliegen, und etwas Abstand zwischen den Sportgeräten und Schlafkabinen wäre auch ganz geschickt, um die Stimmung intakt zu halten.

Im Einzelnen hängt die Bedeutung von solchen Dingen auch von der Missionsdauer ab. Das ist so ähnlich wie bei einem Campingurlaub – manches, was man für zwei Wochen gut aushält, kann einem nach sechs Monaten leicht auf die Nerven gehen.

Genau diese Fragen diskutieren wir jetzt bei der ESA und der NASA für die Entwicklung der nächsten Raumstation „Gateway", die im Mondorbit positioniert werden soll. Ein großartiges Projekt, denn die Station könnte irgendwann auch als Raumschiff fungieren und weiter in Richtung Mars fliegen.

Die ESA baut im Moment unter anderem das Wohnmodul dafür. Was für uns Astronauten immer besonders wichtig ist, sind die Fenster: Ingenieure wollen die üblicherweise gern klein halten, wegen der technischen Schwierigkeiten. Aber zu den wichtigsten Dingen, die wir als Menschen zu dem Erfolg einer Raumschiff-Mission oder einer Raumstation beitragen können, gehört doch, dass wir unseren Platz im Universum reflektieren und unsere Eindrücke mit nach Hause zurückbringen. Dazu müssen wir diesen Ort erleben – mit all unseren Sinnen. Und dazu brauchen wir Fenster.

Raumschiffe sollen letztlich Entdeckern helfen, nicht umgekehrt.

Eben. Meine russischen Kollegen haben mir dazu mal eine schöne Anekdote erzählt: Bei einem der neuesten ISS-Module hatte das Kosmonautenkorps Fenster für alle Schlafkabinen gefordert. Nach einer monatelangen Diskussion gaben die Ingenieure schließlich unvermittelt nach. Als dann die Pläne beschlossen waren, kam heraus, dass die Schlafkabinen zwar Fenster hatten – aber nicht nach außen, sondern ins Innere des Moduls!

Der Wiedereintritt in die Erdatmosphäre belastet euer Raumschiff so stark, dass keine Sojuz-Kapsel zweimal fliegt. Einige Teile verglühen. Wie ist das, wenn ihr in der Steppe von Kasachstan damit aufschlagt und euch dann mühsam aus eurem heftig mitgenommenen Gefährt schält: Verabschiedet ihr euch noch mal von eurer Kapsel?

Ja, tatsächlich, wenn es irgendwie geht, gibt man ihr noch mal einen Klaps mit der Hand und verabschiedet sich. Eine alte Pilotentradition.

Und einige Teile aus dem Inneren der Soyuz werden tatsächlich wiederverwendet bei neuen Missionen. Die Soyuz-Kapsel meiner ersten Mission steht inzwischen als Ausstellungsobjekt im Deutschen Zentrum für Luft- und Raumfahrt in Köln. Dort sehe ich sie oft, und ich finde: Sie sieht für mich nicht verwundet aus, sondern erfahren – so wie ein langjähriger Kamerad, mit dem man einige große Abenteuer zusammen durchgestanden hat. Da sind ein paar Narben und Schürfwunden übrig geblieben, aber wir haben's geschafft: Wir sind gemeinsam wieder nach Hause zurückgekommen.

Zur Erde. ✵

ZUKUNFTSMODELL: Beim An- und Abkoppeln an der Raumstation müssen Gerst und seine Kollegen den Dragon-Raumfrachtern 2018 zwar mit dem Roboterarm der ISS noch behilflich sein. Doch das Konzept der Transporter bewährt sich: Mit dem Nachfolgemodell „Crew Dragon" fliegen im Mai 2020 zwei amerikanische Astronauten von Cape Canaveral aus zur ISS, ohne Hilfe der russischen Partner und ihres Soyuz-Systems, und koppeln selbstständig an der ISS an

VERSTÄRKUNG IM ANFLUG: Nach eingehender Untersuchung des Zwischenfalls mit der Trägerrakete der Soyuz-MS-10 wird am 3. Dezember 2018 der nächste Start freigegeben: An der Spitze eines im tiefschwarzen Weltraum schimmernden Schweifs fliegt die Soyuz-MS-11-Kapsel mit drei neuen Raumfahrern ohne Probleme zur ISS

DAS NÄCHSTE ZIEL: Von der Raumstation aus wirkt der Mond greifbar nahe. Mit dem Soyuz-Raumschiff ist der Flug dorthin nicht zu schaffen. Erst Raketen und Kapseln der nächsten Generation, wie das „Orion“-Raumschiff, das NASA und ESA zusammen entwickeln, werden die 384 400 Kilometer zu unserem Trabanten wieder bewältigen können

*HALTET ZUSAMMEN –
AUCH WENN ES SCHWIERIG WIRD!*

DER GEIST DES TEAMS

GRÜNE SCHLANGEN AM FIRMAMENT: Polarlichter zu beobachten, war für die Entdecker von Arktis und Antarktis einst ebenso faszinierend, wie es heute für Astronauten der ISS ist. Erlebnisse, die zusammenschweißen

„NEUGIER *ist langfristig stärker als Furcht.*“

ALEXANDER GERST

WIE DIE POLARFORSCHER DER JAHRHUNDERTWENDE wagen sich Astronauten im Namen der Neugier in fremde Weiten hinaus. Und so wie die frühen Entdecker auf ihren Schiffen dabei als Gruppe zurechtkommen mussten, hier auf der „Terra Nova“ in der Antarktis 1910, so können auch Raumfahrer nur als Team zum Erfolg kommen: „Jeder muss wissen: Ich kann den anderen blind vertrauen“, sagt Gerst

PRIVATSPHÄRE? In der Hütte, die sich das britische „Terra Nova“-Team 1911 am Rand der Antarktis als Winterquartier baut, haben die meisten Expeditionsmitglieder nur ihre schmalen, offenen Kojen für sich allein

„Der Unterschied zwischen einer Zumutung und einem Abenteuer liegt in der EINSTELLUNG.*“*

BOB BITCHIN (GEB. 1944), SEGLER

DIE SCHLAFKABINEN DER ISS sind kaum größer – aber die Lage entschädigt: beste Aussichten auch beim Kino-Abend, den sich die Crew hin und wieder in ihrer freien Zeit gönnt

ANTARKTISCHES PACKEIS, Hunderte Kilometer weit: Was von der Raumstation aussieht wie ein abstraktes Gemälde in Blau und Weiß, lässt die britischen Polarforscher um Robert Falcon Scott vor gut einem Jahrhundert immer wieder verzweifeln. Mit ihren Schlitten kommen sie ihrem Ziel, dem Südpol, kaum näher, müssen Presseis-Rücken, Gletscherwände und Spalten umgehen. Drei ganze Jahre wird ihre Expedition dauern – und für einige mit dem Tod enden

CLOSING HATCH
0.5-5031
4318

TEAM AUS SECHS FREUNDEN – die Besatzung der ISS im ersten Teil der „Horizons"-Mission. Außen (von oben im Uhrzeigersinn): Serena Auñón-Chancellor, Oleg Artemyev, Sergey Prokopyev und Richard Arnold. Im Zentrum (von links): Alexander Gerst, Kommandant der ISS-Expedition 57, und Andrew Feustel, Kommandant der Expedition 56

WÄRMESPENDER: Beim Zubereiten des Hundefutters am Ofen des Winterquartiers finden die beiden Polarforscher Cecil Meares und Lawrence Oates 1911 etwas Zeit zum Verschnaufen

Cool bleiben, mitfühlen und nach vorne schauen! Über Verhaltensregeln in der Isolation, den Wert guter Essensreserven – und Lehren aus der Polarforschung

Wenn man deine zwei ISS-Missionen zusammenrechnet, hast du 363 Tage im All verbracht, knapp ein Jahr also – und dabei ständig mit deinen Teamkollegen auf engem Raum und in großer Ausgesetztheit zusammengelebt. Wie geht man danach auseinander?

Das sind Freundschaften, die ein Leben lang halten – besonders mit denjenigen, mit denen ich gemeinsam in der Soyuz-Kapsel hin- und zurückgeflogen bin.

Man trainiert mehr zusammen als mit den anderen: Tausende Stunden lang. Vor allem aber haben wir die gesamte Mission von Anfang bis Ende gemeinsam durchlebt. Es gibt wenige Menschen, mit denen du so intensive Erfahrungen teilen kannst: wenn du zusammen auf einer vollgetankten Rakete sitzt, die Triebwerke zünden, und du weißt, ab jetzt kann dein Leben jederzeit in einem Feuerball enden, und in jeder Minute hängt es von deinen Begleitern ab.

Mit Reid Wiseman zum Beispiel, für den es 2014 genau wie für mich ja die erste Mission war, habe ich mich dabei so gut verstanden, dass wir ohne ein einziges Wort genau wussten, wie sich der andere gerade fühlt. Das war irre.

Oder beim zweiten Flug: Da hätte Sergey als russischer Kommandant der Soyuz-Kapsel während des Hin- und Rückflugs darauf beharren können, dass er allein bestimmt, was gemacht wird. Aber er hat mich immer miteinbezogen – auch, weil ich durch meinen ersten Flug schon Erfahrungen mit dem Raumschiff gemacht hatte. Wir haben die Kapsel gemeinsam gesteuert und ohne zu reden gespürt, was der andere gerade denkt und tut.

Am Ende kam uns diese Zusammenarbeit dann zugute: Kurz vor dem Abdocken von der ISS hat sich nämlich ein Kabel in Sergeys Anzug verklemmt und ist dadurch gerissen. Er konnte nicht mehr mit unserer Bodenstation oder mit den Rettungskräften kommunizieren, auch nicht mit Serena und mir.

Also musste ich für den Wiedereintritt in die Erdatmosphäre die Steuerung und die Kommunikation übernehmen – komplett auf

DER NORWEGER **Roald Amundsen bricht 1910 wie Scott Richtung Südpol auf – mit einer handverlesenen Schar von Begleitern**

„Erfolg kann erwarten, wer alles gut vorbereitet – das nennen die Leute Glück. Eine sichere Niederlage steht dem bevor, der es versäumt, die nötigen VORSICHTSMASSNAHMEN *zu ergreifen – das nennen die Leute Pech."*

ROALD AMUNDSEN (1872–1928), POLARFORSCHER

Russisch. Das war eine kritische Situation, mit der niemand gerechnet hatte. Und zu allem Überfluss hat sich durch die extremen Bremskräfte auch noch ein Teil der Panelabdeckung in der Soyuz gelöst und ist über meinen Bildschirm geklappt. Ich musste das Teil mit dem Arm für Minuten nach oben drücken – bei vierfacher Gewichtskraft keine ganz einfache Aufgabe. Danach habe ich meinen linken Arm eine Weile lang nicht mehr gespürt.

Aber egal: Dank unserer gemeinsamen Vorbereitung konnte ich aushelfen, und die Soyuz ist sicher gelandet. Solche Erlebnisse schweißen zusammen. Für immer.

Der Polarforscher Roald Amundsen hat einmal gesagt: Zu drei Vierteln hängt der Erfolg einer Expedition alleine vom Faktor „Mensch" ab. Siehst du das für die Raumfahrt genauso?

Ich würde sogar noch weiter gehen: Jeder Teilnehmer hat die Macht, mit seinem Verhalten den Zusammenhalt einer Crew zu zerstören und die Expedition so zum Scheitern zu bringen. Wenn nur einer nicht mitspielt und die Stimmung im Team torpediert, ist das kaum noch zu kompensieren. Es endet fatal. Deshalb ist es so wichtig, die richtigen Leute für eine Mission zu haben und als Team schon zusammenzuwachsen, bevor man überhaupt aufbricht.

Auf meiner zweiten Mission habe ich als Kommandant darauf früh geachtet: dass wir Freundschaften etablieren, die Familien unserer Crewkameraden gut kennen, auch jenseits des Trainingsprogramms gemeinsam viel unternehmen. Du musst eine Gruppe formen, in der jeder weiß: Ich kann den anderen blind vertrauen, mich auf jeden verlassen.

Letztlich gehört das genauso zur Vorbereitung einer Mission wie das Robotik-Training oder die Übung im Raumschiffsimulator und die Zusammenstellung der Ausrüstung. Und das wird auch Amundsen ja für seine Polarreisen immer nachgesagt – dass er akribisch jedes Detail geplant hat. Er wusste genau, wie die Teilnehmer seiner Expeditionen ticken, wo ihre Grenzen liegen und was jeder von ihnen besonders gut oder weniger gut beherrscht.

Genauso, wie er sich auch Gedanken darüber gemacht hat, welche Vorräte oder Ersatzteile für die Schlitten in welche Kiste gehören und wie viele Kalorien die Hunde am Tag zum Fressen brauchen.

DAS ALL AUF ERDEN: Vielen frühen Entdeckern kommt die Antarktis bedrohlich vor wie ein fremder Planet, den ihr Team zu „erobern" hätte. Aus ISS-Perspektive vergleicht Gerst die Eiswelt auf andere Art mit dem All: eine „scheinbar wüste und leere Umgebung – und doch voller Geheimnisse, die wir verstehen müssen, um unseren Planeten zu schützen"

FRIDTJOF NANSEN vor dem Motorsegler „Fram“ („Vorwärts“): Am Bug hängen Felle von Eisbären und Hunden zum Trocknen

MEHR ALS DREI JAHRE dauert die Eisdrift der „Fram“: Das Team nimmt Musikinstrumente mit – und eine Bibliothek aus 600 Büchern

FRIDTJOF NANSEN

Der kühne Planer

Auf Skiern gelingt ihm 1888 als erstem Expeditionsleiter die Durchquerung von Grönland. Weltberühmt aber wird der Norweger Fridtjof Nansen vor allem durch seine Arktis-Expedition mit der „Fram“ fünf Jahre danach: In der Hoffnung, die Meeresströmungen könnten ihn und sein Team mit der Eisdrift zum Nordpol treiben, entwickelt er das Spezialschiff mit einem eisfesten, abgerundeten Rumpf, entwirft zahlreiche neue Ausrüstungsgegenstände (wie Windgeneratoren zur Stromerzeugung oder den „Nansen-Kocher“) – und zur Motivation seines Teams ein modernes Expeditionskonzept: Nansen plant großzügig bestes Essen und Feiern ein, und er lässt die Crew an der Forschung teilhaben. Aber er gilt auch als rechthaberisch und pedantisch.

Fast drei Jahre driftet die „Fram“ durch das Nordpolarmeer. Den Nordpol erreicht Nansen nicht, bringt aber wegweisende Untersuchungen in der Zoologie, Ozeanografie und später als Neurologe in Gang. Nach seiner Rückkehr wird Nansen zum Diplomaten, engagiert sich vor allem für die Rechte vertriebener Menschen – und erhält 1922 den Friedensnobelpreis.

„Hunderttausend Generationen der Menschheit haben nach oben zum Nachthimmel geschaut. NUR EINE EINZIGE *hat hinuntergeschaut."*

ALEXANDER GERST

Diese genaue Planung zahlt sich am Ende aus, auch wenn man während einer Mission manchmal improvisieren muss. Denn natürlich können unterwegs Situationen auftreten, die man trotz aller Sorgfalt nicht auf dem Schirm hatte. Dann wäre es auch für die Gruppendynamik schädlich, pedantisch darauf zu pochen, den Ursprungsplan einzuhalten. Beides ist wichtig: Akribie im Vorfeld und MacGyver-Mentalität in der jeweiligen Situation.

Die Kunst ist, im richtigen Augenblick von der einen zur anderen Haltung im Kopf zu wechseln.

Bei den Expeditionsteams, mit denen ich selbst unterwegs war, habe ich über die Jahre den Eindruck gewonnen: Egal, in welcher Umgebung wir uns bewegt haben, ob in Höhlensystemen oder in Wüsten, auf Ozeanen oder im Hochgebirge, es kommen doch immer wieder ganz ähnliche Charaktere im Unbekannten zusammen: Menschen, die einerseits nicht schnell aufgeben, andererseits aber auch die Gelassenheit mitbringen, Umstände zu ertragen, die man nicht ändern kann – wie hohe Lawinengefahren oder Stürme zum Beispiel. Hast du das in der Raumfahrt und auf deinen Vulkanexpeditionen auch so erlebt?

Ja, oft bewegt man sich dabei auf einem schmalen Grat: Du musst einerseits zielstrebig sein, dich auch mal durchbeißen und nicht bei den kleinsten Schwierigkeiten gleich hinwerfen. Andererseits brauchst du auch genug Selbstkontrolle, um zu erkennen, wann die Gefahren oder die Hindernisse zu groß werden und es eben richtig ist, aufzugeben.

Das ist ja auch vielen Bergsteigern schon zum Verhängnis geworden: dass sie kurz vor dem Gipfel eigentlich hätten umkehren müssen, aber in ihrem Eifer doch weitergegangen sind und auf dem Rückweg dann keine Kraft mehr hatten.

Als einer der angesehensten Experten, die sich seit Jahrzehnten mit der Mentalität von Entdeckern befassen, gilt der US-Psychologe Jack Stuster, der auch die NASA berät. Er hat sehr viele Tagebücher und Protokolle von Astronauten, Polarforschern und anderen Abenteurern analysiert – und ist zu dem Ergebnis gekommen: Egomanen und Draufgänger sollten besser zu Hause bleiben.

Menschen halten erstaunlich viel aus, schreibt er. Doch das Wichtigste, was man für Expeditionen mitbringen müsse, sei die Fähigkeit, sich in die Perspektive der anderen Teammitglieder hineinversetzen zu können, sich also mitfühlend zu verhalten. Denn unter den schwierigen Außenbedingungen einer Expedition können sich Kleinigkeiten schnell aufschaukeln – und die Stimmung vergiften.

Ja, ich finde, das stimmt. Weißt du zum Beispiel noch, als auf unserer gemeinsamen Antarktis-Expedition am Mount Erebus einer im Team nach der ersten stürmischen Zeltnacht am Morgen in unsere Forschungshütte gestolpert kam und stolz seine bis zum Rand gefüllte Urinflasche auf den gedeckten Frühstückstisch geknallt hat?

Allerdings! Man hat diese Flaschen ja, damit man nachts im Sturm nicht nach draußen muss. Aber die Show-Einlage damit kam bei uns allen an diesem Morgen, an dem wir vollkommen durchgefroren und übermüdet waren, natürlich gar nicht gut an. Unvergesslich!

An dieses Erlebnis musste ich auf der ISS manchmal denken. Schon bei kleinen Details habe ich mir dort überlegt: Beeinträchtige ich mit meinem Verhalten den Freiraum der anderen? Wir hatten auch ein paar ähnliche Situationen, als einer im Team zum Beispiel seine verschwitzten Klamotten in einem Durchgangsmodul so platziert hatte, dass sich die anderen immer wieder dazwischen hindurchzwängen mussten. Das war natürlich nicht böse gemeint, aber es hat doch genervt und wir mussten ernsthaft darüber reden.

Meistens haben wir alle uns allerdings schon von vornherein überlegt: Wie organisiere ich mich, wie räume ich zum Beispiel ein Fach mit Geräten so ein, dass meine Kollegen es später leichter haben, diese zu benutzen?

Wenn das zur Grundeinstellung wird, treten viele Probleme gar nicht erst auf.

PARALLEL ZU SCOTTS VORBEREITUNGEN für den Südpol erforschen andere Gruppen der „Terra Nova"-Expedition das antarktische Schelfeis: Einige bleiben monatelang vom Rest des Teams abgeschnitten. Sie müssen alleine in Zelten und Eishöhlen überleben. Ihre Studien aber werden zu wichtigen Grundlagen, auf die sich Polarforscher bis heute stützen

Hast du als Kommandant die Belastungsgrenzen deiner Teammitglieder getestet?

Das musste ich nicht. Im Trainingsprogramm sind Übungen vorgesehen, die uns nah an die Grenzen des menschlich Erträglichen bringen. Im Simulator mit der Soyuz-Kapsel etwa, wenn die Ausbilder viele komplexe Problemen zugleich auf uns einprasseln lassen. Oder beim Überlebenstraining, bei dem wir unter anderem eine Notlandung auf dem Wasser geübt haben: Bei 38 Grad Außentemperatur, in der prallen Sonne, waren wir zu dritt in einer Soyuz-Kapsel eingezwängt und mussten von unseren Raumanzügen einer nach dem anderen in wasserdichte Schutzanzüge wechseln, um auszusteigen. Das ist wirklich kein Spaß!

Die Kerntemperatur im Körper kann schnell auf über 40 Grad Celsius steigen, alle zehn Sekunden musst du pausieren, und es ist wahnsinnig eng. Das hat schon bei manchen Probanden zu Panikattacken geführt.

Als Kommandant habe ich mir bei solchen Übungen für meine Begleiter, aber natürlich auch für mich selbst genau angeschaut, wie gut wir mit solchen Belastungen klarkommen und was die ersten Indizien für eine gefährliche Überforderung sind. Genau dafür sind diese Trainingseinheiten ja auch gedacht.

Als im Oktober 2018 zunächst die Hälfte der ISS-Besatzung plangemäß wieder zur Erde zurückkehrte, aber der folgende Soyuz-MS-10-Flug mit euren Kollegen Nick Hague und Alexey Ovchinin zur Raumstation abgebrochen werden musste, seid ihr dann tatsächlich in eine besondere Belastungssituation geraten: Serena, Sergey und du wart allein auf der ISS, die geplante Verstärkung fiel aus, und die Raumfahrtbehörden wollten den Zwischenfall erst genau untersuchen, bevor sie wieder einen Raketenstart freigeben. Wie seid ihr mit dieser Ungewissheit zurechtgekommen?

Erst mal war das natürlich nicht einfach: Wir wussten nicht, wie lange die Untersuchungen dauern und wann wir abgelöst werden könnten. Im äußersten Notfall hätten wir zwar mit unserer eigenen Soyuz-Kapsel jederzeit ablegen und zur Erde zurückkehren können, aber wir wollten die ISS nicht allein lassen.

Man darf nicht vergessen: Die Raumstation ist die komplexeste Maschine, die Menschen jemals gebaut haben! Wenn dann ein Problem auftritt, das vom Boden nicht repariert werden kann, besteht die Gefahr, die Station zu verlieren. Die Zukunft der ISS lag also in dieser Situation mit in unseren Händen, und diese Perspektive hat uns geholfen.

Jeder von uns hat sich ehrlich gefragt: Wenn ich dadurch den einzigen menschlichen Außenposten im All bewahren kann – wie lange

„Schwierigkeiten sind letztlich nur dazu da, um ÜBERWUNDEN zu werden."

SIR ERNEST SHACKLETON (1874–1922), POLARFORSCHER

DURCHHALTEN! Länger als geplant müssen auch Sergey Prokopyev, Serena Auñón-Chancellor und Alexander Gerst im Oktober 2018 im All nur zu dritt auf Verstärkung hoffen. Sie wissen: Die Zukunft der ISS liegt in ihren Händen

würde ich es hier aushalten? Das macht die Entscheidung leichter: Wir wären, wenn nötig, sogar noch ein Jahr lang geblieben.

Wir waren ja gut versorgt. Das Wichtigste ist in solchen Momenten, dass niemand sich hängen lässt oder sich innerlich abkapselt; darauf musste ich dann als Kommandant auch ein Auge haben.

Im Training lernen wir immer wieder, Veränderungen der Lage zu akzeptieren und wieder nach vorn zu schauen. Es bringt ja nichts, sich zu ärgern oder zu lamentieren.

Das kennst du bestimmt auch von den Expeditionen, die du begleitest. Man muss sich dann eben fragen: Wie mache ich jetzt das Beste aus meiner Situation?

Absolut! Im Himalaya zum Beispiel, bei einer medizinischen Expedition auf einen 7000er-Gipfel, hatten wir mehrere solcher Momente: Das Wetter wurde auf einmal schlecht, Schneelawinen verschütteten unsere Ausrüstung in den Hochlagern, der Zeitplan verschob sich weiter und weiter. Wir saßen in unseren Zelten und wussten lange nicht, wie es weitergehen sollte. Das zehrt an den Nerven aller Beteiligten. Aber als Gruppe hat uns das auch zusammengeschweißt.

Genau! Auf der ISS haben wir in der Zeit zu dritt noch viel mehr aufeinander geachtet, haben zusammen gegessen und uns gegenseitig geholfen, im wissenschaftlichen Zeitplan zu bleiben.

Die Stimmung war sogar besser als vorher: Da macht sich niemand mehr nur für sich selbst einen Cappuccino oder nimmt sich alleine ein Stück Schokolade.

„Schwierigkeiten sind letztlich nur Dinge, die überwunden werden müssen", hat der berühmte Polarforscher Ernest Shackleton ja geschrieben.

Ja, genauso haben wir es gesehen. Wir haben auch einiges von unserer privaten Zeit aufgegeben, weil wir zu dritt viel zu tun hatten, um unsere Station gut in Schuss zu halten, aber dennoch so viele wissenschaftliche Experimente wie möglich durchführen wollten. Auch mehrere Raumtransporter mussten wir in Empfang nehmen, ausräumen und wieder beladen.

KOSTÜMPARTY! **So wie Seefahrer und Polarforscher sich die Strapazen ihrer oft jahrelangen Expeditionen mit kleinen Feiern erträglicher machten, unterbricht auch die ISS-Crew an Halloween 2018 kurz ihr Forschungsprogramm. „Ein gruseliger Tag im All!“, twittert Kommandant Gerst zur Erde**

Alles in allem sind wir mit der Forschung erstaunlich gut weitergekommen, wir haben trotz der Havarie fast das gesamte Experimentenprogramm abgearbeitet. Und jeden Samstag haben wir abends zusammen noch einen Film geschaut: So viel Zeit musste sein, das war mir als Kommandant wichtig.

Reihum durfte jeder sich einen Film aussuchen, und ich habe mich zuallererst für einen Zweiteiler über Shackletons „Endurance“-Expedition in der Antarktis entschieden: Es tat uns allen gut zu sehen, wie andere Entdecker lange vor uns noch weitaus schwierigere Situationen gemeistert haben.

Shackleton wollte eigentlich 1914 als Erster mit seinem Team die Antarktis durchqueren. Doch als sein Schiff, die „Endurance“, vom Packeis zerquetscht wurde, hatte er plötzlich ein neues Ziel: seine Mannschaft zu retten …

… und das hat er gegen alle Widrigkeiten erreicht! So ähnlich haben wir uns auch zu dritt auf der ISS gesagt: Wir haben schwierige Bedingungen, aber wir kommen klar – jetzt erst recht. Und am Ende werden wir dann auch mit Stolz darauf zurückblicken können, was wir geschafft haben.

Gerade in solchen Situationen wird deutlich, wie sehr ihr im All an den engen Raum der Station gebunden seid: Ihr Astronauten seid ständig auf ihren Schutz angewiesen, könnt nicht zwischendurch einmal kurz vor die Tür.

Auch das Zeitgefühl wird beeinträchtigt, weil die Sonne alle 92 Minuten aufs Neue unter- und wieder aufgeht. Ähnlich wie in den Polargebieten, in denen es im Sommer durchgehend hell und im Winter stockdunkel ist, gibt es keinen natürlichen Tagesrhythmus. Wie seid ihr damit umgegangen?

Schon weil wir auf der Raumstation ja am selben Ort leben, an dem wir auch arbeiten, ist es entscheidend, dass man sich eine künstliche Grenze schafft und den Tag strukturiert. Als Kommandant der Station habe ich darauf geachtet, dass wir diesen Rhythmus auch wirklich einhalten und keiner sich überlastet: Um 7.30 Uhr und 19.30 Uhr UTC, also nach „koordinierter Weltzeit“, hatten wir Konferenzen mit unserer Bodenstation. Was dazwischenlag, war die Arbeitszeit, und davor und danach hatte die Crew Freizeit. Dann sollte man nicht noch ein weiteres Experiment durchführen oder eine neue Apparatur aufbauen, sondern die Zeit wirklich zur Erholung nutzen. Zum Beispiel mit der Familie am Boden telefonieren oder auf dem Computer ein Buch lesen. Sonst laugt man aus.

Hast auch du als Stations-Kommandant diese Zeit für dich nutzen können?

Ja, sonst hätte ich ja ein schlechtes Vorbild für meine Crew abgegeben. Ich hatte zwar immer noch ein paar zusätzliche Organisationsfragen zu erledigen. Aber ich habe zum Beispiel immer auch Zeit gefunden, um aus der Cupola, dem Aussichtsmodul der Station, die Erde zu fotografieren. Ich habe in meiner Freizeit eine Reihe von Schülerexperimenten durchgeführt und sie aufgezeichnet. Und ich habe jeden Abend mit meiner Lebensgefährtin telefoniert. Das war sehr wichtig für mich.

Forscher meinen sogar, dass so ein regelmäßiger Austausch nicht nur die Psyche stabil hält, sondern auch unsere körperliche Gesundheit fördert – vor allem unser Immunsystem.

Früher mussten Entdecker ohne eine solche Verbindung zur Heimat zurechtkommen, manchmal jahrelang. Kluge Expeditionsleiter haben sich überlegt, wie sie ihr Team dennoch motiviert halten.

Der Norweger Fridtjof Nansen zum Beispiel soll ein Meister darin gewesen sein: Für seinen Aufbruch ins Nordpolarmeer hat er sein Schiff, die „Fram“, so entworfen, dass den Hierarchien an Bord zum Trotz die Schlafräume aller Teammitglieder um einen gemeinsamen Aufenthaltsraum gruppiert waren. Alle haben zusammen gegessen, Nansen hat penibel auf eine gute und abwechslungsreiche Verpflegung geachtet und unterwegs jeden kleinsten

ALS MOTOREN UND PONYS an der Kälte scheitern, müssen Scotts Männer die 360 Kilogramm schweren Schlitten allein übers Eis ziehen

KONKURRENTEN: Der Marineoffizier Robert F. Scott (links) ist ein wagemutiger Patriot. Aber mit der Erfahrung des Norwegers Roald Amundsen, der zuvor die Nordwestpassage durchquert hat, kann er nicht mithalten

ERSCHÖPFT erreichen Scotts Männer den Südpol – und finden ein Zelt mit norwegischer Flagge: Sie kommen zu spät

Scott gegen Amundsen

Das Rennen zum Südpol

Getrieben von Ehrgeiz und nationalem Prestige, kommt es in der Antarktis von 1910 bis 1913 zu einem dramatischen Wettkampf zwischen der britischen, von Robert F. Scott geleiteten „Terra Nova"-Expedition und dem Team des Norwegers Roald Amundsen: Beide wollen als Erste zum Südpol – aber mit unterschiedlichen Strategien und Führungsstilen.
Scott umgibt sich mit einem großen Gefolge von 65 Männern, darunter acht Wissenschaftlern: Seine Expedition, offiziell „British Antarctic Survey" genannt, soll nicht nur den Pol auf die Landkarte setzen, sondern auch Pinguine, das Klima und die Gesteine erforschen. Sie ist hierarchischer aufgebaut als die norwegische. Und zum Ziehen der Schlitten vertraut Scott vor allem auf Ponys, Motoren sowie auf den „ehrlichen Gebrauch der Beine".
Amundsen hingegen nimmt nur fünf Ski-Spezialisten, dafür umso mehr Schlittenhunde auf seinen Weg Richtung Südpol mit. Auch ihre Proviantdepots legen die Norweger üppiger und geplanter an als die Briten.
Die Taktik Amundsens zahlt sich aus: Am 14. Dezember 1911 stellen die Norweger ihre Flagge am Südpol auf, sind bloß 40 Tage danach wieder in ihrem Basislager. Scotts Team erreicht den Südpol erst 35 Tage später – und kehrt nie mehr zurück.

DER PUNKT, an dem Scott und die letzten beiden Begleiter starben: nur wenige Kilometer von einem Vorratsdepot entfernt

Anlass für eine Feier genutzt. Hast du dir als ISS-Kommandant auch über solche Dinge Gedanken gemacht?

Na klar! Ich hatte zum Beispiel besonders leckere Essensreserven eingeplant, die wir in der schwierigen Zeit dann geteilt haben – unter anderem Parmesankäse und geräucherte Salami, Käsespätzle und Tiramisu. Gutes Essen ist auf jeder Expedition einfach unschätzbar wertvoll.

Oder ich habe für den Geburtstag meines Kollegen Drew Feustel auf der Station eine „Kerze" gebastelt, aus einer Taschenlampe und einer Flamme aus gelbem Klebeband, die wir an unserem Essplatz befestigt haben. Das sollte eigentlich nur ein Gag sein. Aber irgendwie haben wir unsere Kerze dann immer wieder hervorgeholt, als Symbol: Jetzt ist die Arbeit des Tages zu Ende.

Das sind natürlich nur kleine Aufmerksamkeiten. Aber vor allem habe ich mich in der ganzen Mission, auch schon während des Trainings, darum bemüht, nicht hierarchisch über dem Team zu stehen und Kommandos zu geben, sondern für mein Team da zu sein und den anderen das Leben leichter zu machen: Ich hab ihnen immer mal wieder Aufgaben im Stationsalltag abgenommen und im Austausch mit unserer Bodenkontrolle sichergestellt, dass sie nicht überfordert werden. Dass man selbst dafür ein paar Überstunden macht, gehört für mich zur Verantwortung als Kommandant schlicht dazu.

Schon in der Vorbereitung haben wir uns mit unseren Trainern zusammen auch überlegt, wie wir unsere Aufgaben nach den Stärken und Schwächen des Teams am besten verteilen. Es wäre ja dumm, das nicht zu berücksichtigen.

Serena zum Beispiel hat ein besonderes Training bekommen als Spezialistin für die Geräte im japanischen JAXA-Modul: Wenn ich dort hineinwollte, während ihre Experimente noch liefen, habe ich sie erst um Erlaubnis gefragt – auch um zu zeigen, dass ich ihre Arbeit voll respektiere.

Und wenn „Mission Control" auf der Erde mit etwas nicht glücklich war, musste meine Crew natürlich auch wissen, dass ich bedingungslos hinter ihr stehe und keinem den schwarzen Peter zuschiebe.

NOTFALLBEREITSCHAFT: Eine Herzdruckmassage will in der Schwerelosigkeit gut trainiert sein (ganz links). Eine improvisierte Kerze wird zum Symbol für den Feierabend

Hat der Austausch mit eurem Bodenteam gut funktioniert?

Ja, das war oft ziemlich lustig. Zum Beispiel haben wir in der Zeit zu dritt in den Forschungsmodulen stets Kameras mitlaufen lassen, damit die Bodenstation mehr Anteil an unserer Arbeit hat und uns auf wichtige Dinge aufmerksam machen kann: dass wir bei einer Reparatur nichts vergessen oder um uns zu helfen, dass wir bei den Experimenten genau nach den vorgegebenen Prozeduren vorgehen.

Im Gegenzug hatte ich die Idee, unsere Flugmanager zu bitten, uns auch ein Livebild ihres Kontrollraums auf einen unserer Laptops zu streamen. Das war eine neue Erfahrung für das Team am Boden. In den Pausen haben wir dann den Spieß umgedreht und über Funk kommentiert, was uns bei denen da unten auffiel. Eine Kollegin am Boden hatte zum Beispiel eine besondere schwarze Lunchbox, und wir haben dann offiziell über Funk nachgefragt, ob ihr Snack auch wirklich gesund sei.

Der Perspektivwechsel hat uns allen geholfen, die Asymmetrie unserer Situation etwas abzubauen. Die Kollegen der Bodenkontrolle haben das geliebt: In der Adventszeit zum Beispiel haben sie an einem Tag alle Zipfelmützen getragen, und wir haben per Funk unsere Witze darüber gemacht.

Das war für mich ein sehr gutes Beispiel dafür, wie Humor eine schwierige Lage entschärfen und den Zusammenhalt im Team stärken kann.

Monate in der Isolation zu verbringen wie ihr auf der Raumstation, klingt nach einem Extremfall, wie ihn auf der Erde normalerweise höchstens noch Weltumsegler durchmachen oder die Überwinterer der Polarstationen. Seit dem Frühjahr 2020 allerdings haben durch die Corona-Krise auf einmal Abermillionen von Menschen weltweit selbst ähnliche Situationen erlebt: Um die Virenausbreitung zu verlangsamen, durften die Menschen in vielen Ländern wochen- oder gar monatelang nur in Ausnahmefällen die Wohnung verlassen. Auch du warst in Köln im Homeoffice. Hat sich das ähnlich angefühlt wie im All?

Ja, es gab tatsächlich Parallelen, vor allem zu unseren Wochen zu dritt auf der ISS. Aber ich finde, für genau solche Lebenslagen können wir alle aus den Erfahrungen von Entdeckern wie Shackleton vieles lernen: Wir haben die Chance, diese schwierigen, unvorhersagbaren Situationen als eine gemeinschaftliche Herausforderung anzusehen und eben das Beste daraus zu machen.

Ich fand es zum Beispiel ganz toll zu sehen, wie sich in der ersten Corona-Zeit ein besonderes Gemeinschaftsgefühl aufgebaut hat: mit Musikern, die vom Balkon für die Nachbarschaft spielen. Mit digitalen Veranstaltungen und dem Zusammenhalt von Familien und Freunden selbst über große Distanzen hinweg.

Das Problem ist: Es gibt keine Standardprozeduren, um neue Krankheitserreger wie das Corona-Virus schnell aus der Welt zu schaffen; und deshalb weiß zunächst niemand, wie lange man durchhalten muss. Das ist so ähnlich, als wenn man im Nebel auf einen Berg steigt, ohne zu wissen, wie hoch er eigentlich ist. Aber wie auf einer Expedition im Himalaya oder manchmal im Weltall müssen wir trotzdem loslaufen – und Schritt für Schritt weitersehen. Alle zusammen.

Denn wie in der Raumfahrt gilt auch für Pandemien: Wir können die globalen Probleme unserer Zeit nur gemeinsam bewältigen. Wenn wir als Menschheit zusammenhalten, werden wir selbst aus den schwierigsten Krisen gestärkt hervorgehen. Und wenn wir zehn Jahre später zurückblicken, können wir darauf stolz sein.

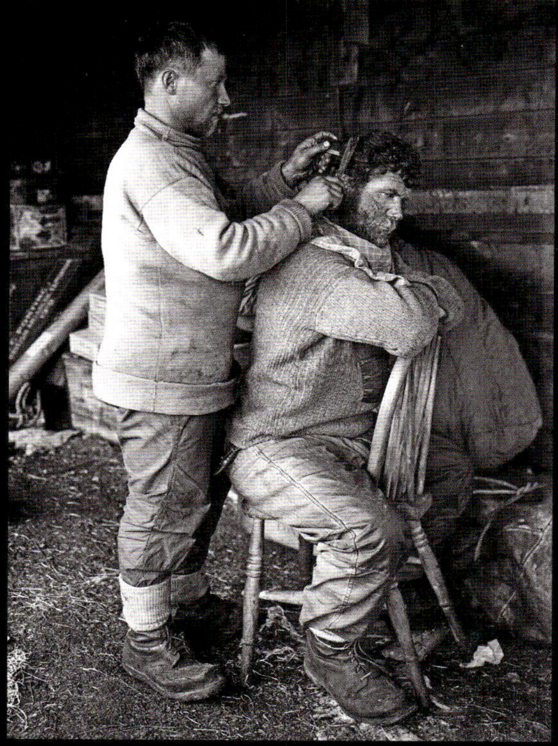

„Einer der wenigen Momente in der Mission, in denen ich nervös war – und Sergey ANGST *hatte."*

ALEXANDER GERST ÜBER DAS HAAERESCHNEIDEN

EXPEDITIONSROUTINE: Genauso wie einst die Winterhütte der „Terra Nova"-Expedition für die Abenteurer am Rand des Schelfeises, ist auch die ISS für die Astronauten gleichzeitig Forschungslabor und Schlaflager, Werkstatt, Küche – und hin und wieder sogar: Friseursalon

WIEDER VOLLZÄHLIG! Am 5. Dezember 2018 stoßen mit der Soyuz-MS-11 (links) wieder drei Neue zur ISS-Crew dazu (vordere Reihe, von links nach rechts): David Saint-Jacques (Kanada), Oleg Kononenko (Russland) und Anne McClain (USA). Für die wenigen Wochen, die nun bis zum nächsten Crew-Wechsel bleiben, steht aber viel Arbeit an: Zahllose Tricks, um im Alltag auf der Station gut zurechtzukommen, sind nirgendwo niedergeschrieben. Sie müssen von Mannschaft zu Mannschaft weitergegeben werden – „eine Art Weltraum-Lebenskultur", erklärt Gerst

SEILE UND SCHNEETÜRME auf dem Packeis helfen anfangs dem Team, im Notfall zum eingefrorenen Schiff zurückzufinden

„Ich habe es geschafft! Wir sind DURCH DIE HÖLLE gegangen, aber wir haben kein einziges Leben verloren."

ERNEST SHACKLETON IN EINEM BRIEF AN SEINE FRAU EMILY, 1916

SIR ERNEST SHACKLETON

Der Retter im Eis

Die wenigsten jener Ziele, für die er aufbrach, hat er erreicht. Trotzdem sehen viele den Briten Sir Ernest Shackleton (1874–1922) als größten Helden in der Polarforschung an – und als ein Vorbild der Teamführung. Sein Ruhm geht vor allem auf die „Endurance"-Expedition zurück, mit der er 1914 in See sticht. Sein Plan: die erste Durchquerung des antarktischen Kontinents. Doch das Schiff wird vom Eis erfasst und dabei zerquetscht. Die Männer verstauen die Ausrüstung in drei Beibooten, die sie über das Eis zerren, sich mal damit treibenlassen, mal rudern. So schaffen sie es – etwa anderthalb Jahre nach ihrem Aufbruch – zur Elephant Island mitten im Südatlantik. Aber auf Rettung können sie dort nicht hoffen: Sie haben keine Möglichkeit zur Kommunikation. Gemeinsam mit fünf Begleitern bricht Shackleton nochmals auf, um mit einem der Beiboote zum 1200 Kilometer entfernten Südgeorgien zu segeln und Hilfe zu holen. Die Männer drohen zu kentern, verdursten beinahe, müssen am Ende auf Südgeorgien noch eine vergletscherte Bergkette überwinden – und schaffen es: Im August 1916 werden alle auf Elephant Island verbliebenen Teammitglieder gesund gerettet.
Ohne Verluste aber endet die Expedition leider nicht: Von dem „Ross Sea"-Team, das von der anderen Antarktis-Seite aus Vorratsdepots anlegen sollte, kommen drei Männer im Eis durch Erschöpfung ums Leben.

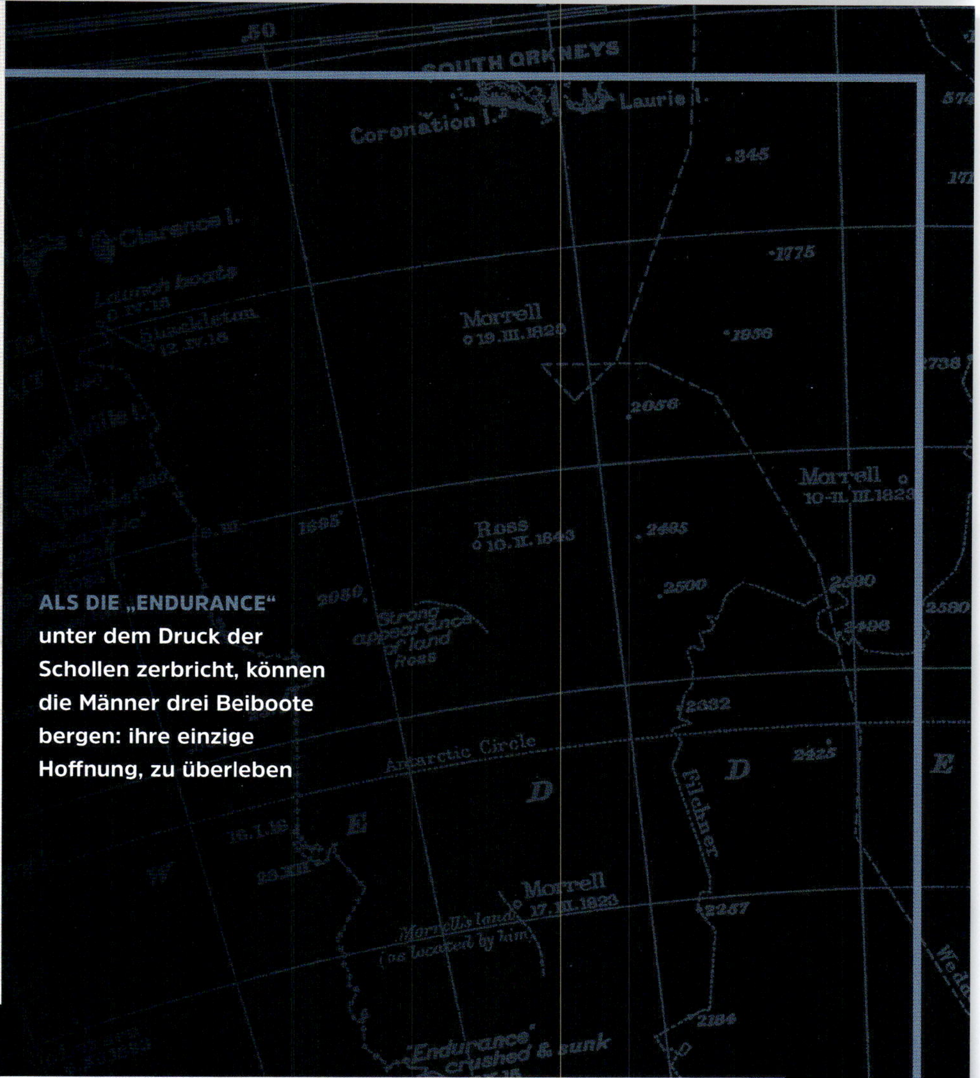

ALS DIE „ENDURANCE" unter dem Druck der Schollen zerbricht, können die Männer drei Beiboote bergen: ihre einzige Hoffnung, zu überleben

NOTLAGER: Auf einer treibenden Eisscholle baut sich das Team ein Zeltlager – und stockt mit Pinguinen die Vorräte auf

GERETTET! Mehr als vier Monate hatte der Großteil der Crew auf den Felsen von Elephant Island ausgeharrt

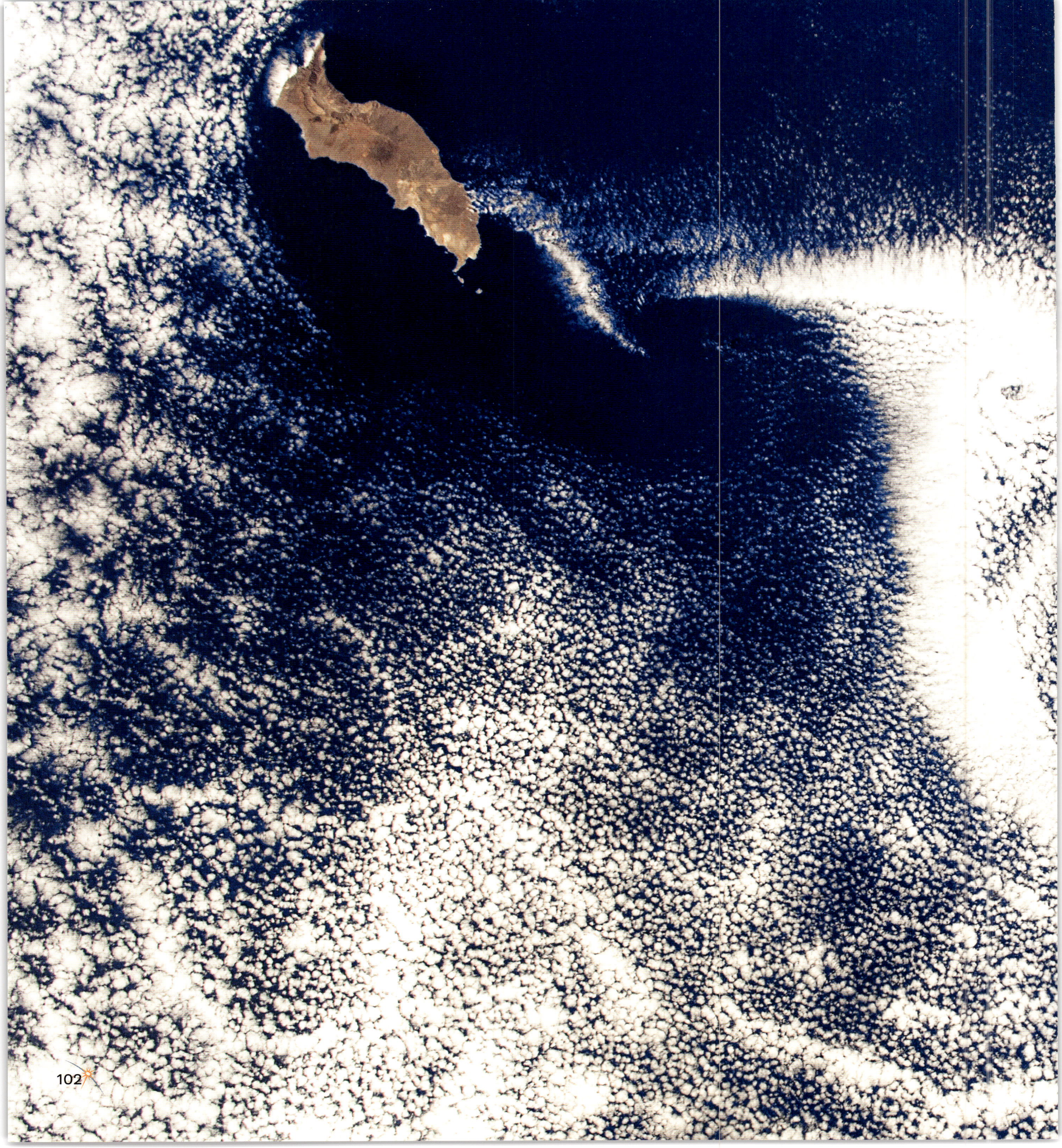

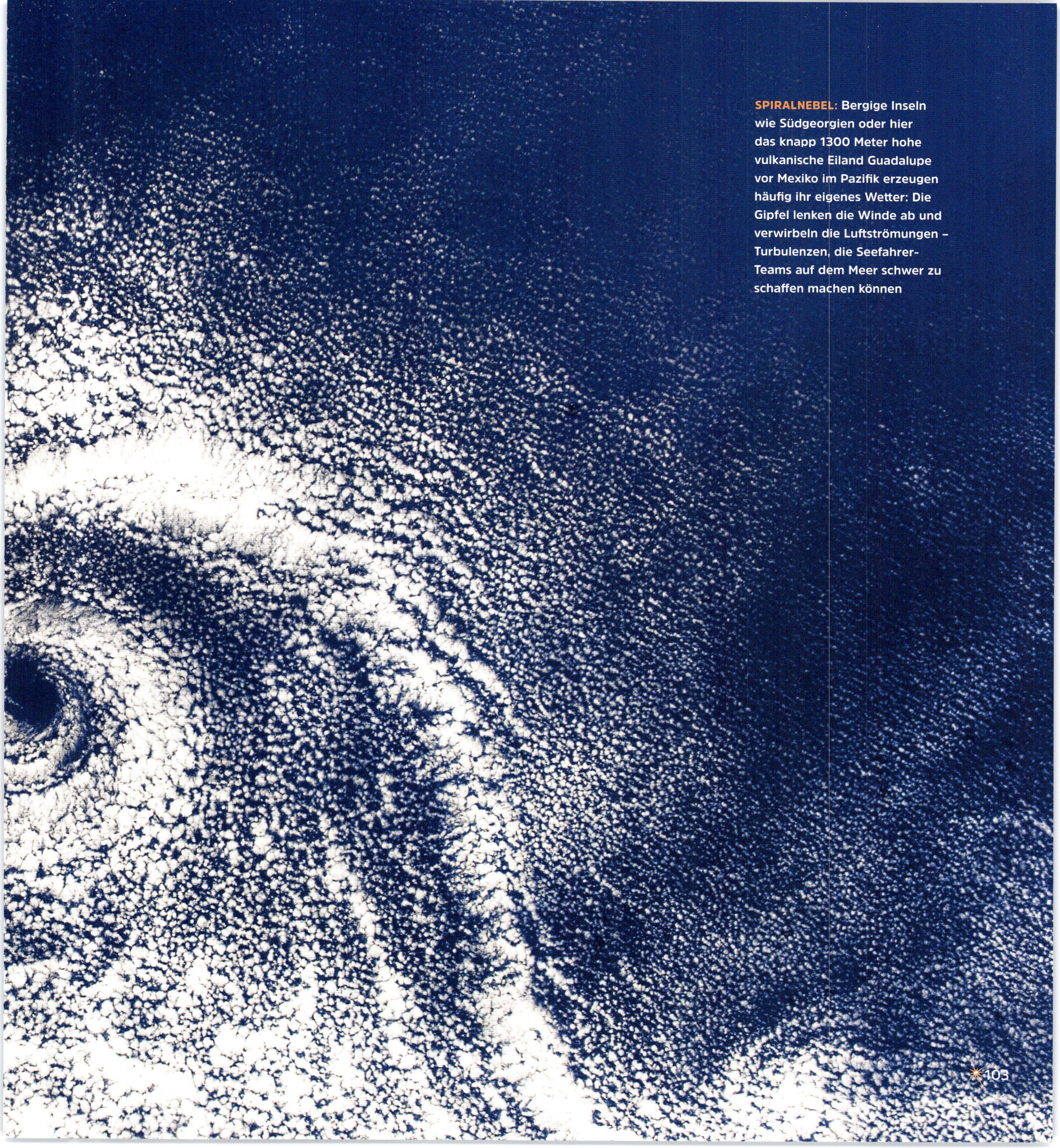

SPIRALNEBEL: Bergige Inseln wie Südgeorgien oder hier das knapp 1300 Meter hohe vulkanische Eiland Guadalupe vor Mexiko im Pazifik erzeugen häufig ihr eigenes Wetter: Die Gipfel lenken die Winde ab und verwirbeln die Luftströmungen – Turbulenzen, die Seefahrer-Teams auf dem Meer schwer zu schaffen machen können

WIE EXPEDITIONEN UNS HELFEN, GEFAHREN DES LEBENS ZU MEISTERN

MEHR MUT ZUM RISIKO?

GUT VORBEREITET? Einschlagskrater wie der rund zwei Kilometer breite Tenoumer in der mauretanischen Wüste (links) erinnern daran, dass auch größere Asteroiden die Erde jederzeit treffen könnten. Experten der ESA entwickeln nun Strategien, wie solche Felsbrocken abgelenkt oder notfalls zerstört werden könnten. Für die ISS (oben) sind schon zentimetergroße Partikel – aus Weltraumschrott etwa – gefährlich. Auch wenn die Astronauten in der Station vor einem Beschuss weitaus besser geschützt sind als bei den Außenbordeinsätzen (vorherige Seite): Regelmäßige Notfallübungen (hier für den Fall eines Ammoniak-Lecks im Kühlsystem) gehören zum Pflichtprogramm für die Crew

NATÜRLICHE GEFAHREN: Beeindruckt verfolgt Gerst von der ISS aus Gewitterstürme (oben) und aktive Vulkane, unter anderem in Neuseeland, wo er als Geophysiker selbst geforscht hat (rechts). Die Gesetzmäßigkeiten dieser Naturgewalten sind bislang schwer zu berechnen. Vor allem Gewitter aber werden nach Ansicht von Wissenschaftlern oft unterschätzt: Etwa 2000 Menschen sterben weltweit pro Jahr an einem Blitzschlag

URKRAFT: Bei einem gewaltigen Ausbruch verwüstete der US-Vulkan Mount Saint Helens 1980 fast alles Leben auf Hunderten von Quadratkilometern. Nur langsam erobern Pflanzen und Tiere die Aschehänge zurück

AUSSENBORD-EINSÄTZE zählen zu den gefährlichsten Aufgaben auf der ISS: Hunderte Stunden übt Gerst vor dem Abflug, den klobigen Raumanzug zu beherrschen

IN EINEM WELTRAUM aus mehr als 22 Millionen Liter Wasser: Training im „Schwebelabor“ der NASA in Houston

Wer ins All fliegt, Vulkane erforscht oder hohe Himalaya-Gipfel, muss mit besonderen Gefahren umgehen. Hilft das auch für den Alltag?

Was hältst du für riskanter: dein früheres Leben als Vulkanologe, in dem du jahrelang immer wieder am Rand von aktiven, lavaspeienden Feuerbergen gearbeitet hast – oder dein jetziges Leben als Astronaut?

Tja, die meisten Menschen vermuten, dass ich als Astronaut ein extrem gefährliches Leben führe. Ich kann das auch nachvollziehen, alleine schon wegen der Bilder vom Start: Die sehen immer spektakulär und gefährlich aus …

… genau wie jene von Außenbordeinsätzen an der Station, bei denen ihr bloß mit einem millimeterdünnen Stahlseil befestigt seid und nur das ebenso dünne Visier eures Helms euch vor der kosmischen Strahlung, vor Mikrometeoriten und vor dem Vakuum schützt.

Genau. Tatsächlich würde ich aber sagen: Das Risiko, bei der Arbeit ums Leben zu kommen, ist für einen Vulkanologen höher – im Durchschnitt berechnet, denn natürlich gibt es eine große Bandbreite von Forschern, die ihre Messungen aus der Ferne vornehmen bis hin zu solchen, die sich im Inneren eines Kraters an Lavaströme und Aschewolken heranwagen.

Gefährlich leben – statistisch betrachtet – übrigens ebenfalls Dachdecker, Hochseefischer oder Gerüstbauer. Klar, auch eine Reise zur ISS birgt Gefahren, vor allem eben beim Start, beim Rückflug und bei den Außenbordeinsätzen. Insgesamt beträgt die Wahrscheinlichkeit eines tödlichen Unfalls bei jeder halbjährigen Mission zurzeit etwa 1,25 Prozent, also 1 zu 80.

Aber der Unterschied ist: Wir machen das ja nicht ständig! Die meisten von uns fliegen nur ein oder zwei Mal ins All, jeweils für ein paar Monate. Auf die gesamte Lebensspanne bezogen, ist das zusätzliche Risiko also gar nicht so extrem hoch. Das wird oft überschätzt – wie bei deinen Expeditionen sicherlich auch, oder?

„Wer NEULAND entdecken will, muss sich damit abfinden, dass er die Küste für lange Zeit aus dem Auge verliert.“

ANDRÉ GIDE (1869–1951), SCHRIFTSTELLER

Ja, auch wenn ich für GEO-Reportagen mit Wissenschaftlern in die Extremgebiete der Erde aufbreche, stellen sich das viele riskanter vor, als es tatsächlich ist.

Wir planen die Reisen schließlich sehr gut – oft monate- oder sogar jahrelang. Bei Expeditionen im Regenwald beispielsweise nehmen wir dann besondere Medikamente, Notfallreserven, Satellitentelefone und vor allem Experten mit, die sich auskennen. Die Wahrscheinlichkeit, einem hungrigen Krokodil in die Quere zu kommen, von Maden zerfressen oder von einer giftigen Schlange gebissen zu werden, ist objektiv gesehen deshalb oft geringer als die, bei der Anreise mit dem Auto in Panama City oder in Caracas zu verunglücken.

Uns Menschen fällt es einfach sehr schwer, Risiken richtig einzuordnen. Wissenschaftler wie Gerd Gigerenzer, Direktor des Zentrums für Risikokompetenz in Potsdam, beklagen das schon seit Jahren: Gefahren von Einzelereignissen, die wir nicht kontrollieren können, überschätzen wir – oftmals auch wegen der starken, schockierenden Bilder, die damit verbunden sind. Stillere Risiken aber, die uns täglich begleiten, verdrängen wir gern: zum Beispiel das eines Herzinfarkts oder eines ganz banalen Verkehrsunfalls.

Nach dem Terroranschlag am 11. September 2001 haben sich zum Beispiel viele US-Amerikaner auf ihren Reisen nicht mehr ins Flugzeug gewagt. Die Konsequenz daraus war: In den zwölf Monaten nach dem Anschlag sind auf den Straßen der USA etwa 1600 Menschen mehr gestorben als sonst. Im verzweifelten Versuch, einer Gefahr zu entkommen, stolpert man in eine Wirklichkeit noch gefährlichere Situation hinein.

Ähnlich erging es nun Tausenden von Patienten in der Corona-Krise: Aus Angst, sich im Krankenhaus mit dem Covid-19-Virus zu infizieren, wagten sie sich trotz akuter Organprobleme entweder gar nicht oder zu spät in die Notaufnahme – und kamen dann an den Folgen eines ganz anderen Leidens um. Sie starben gewissermaßen aus Angst vor dem Tod.

Eine „gefühlte Gefahr“ kann uns schnell in die Irre führen. In der Raumfahrt, in der wir uns ja tatsächlich oft an die Grenze des Möglichen wagen, legen wir deshalb sehr großen Wert darauf, die Risiken unserer Missionen so nüchtern und offen zu analysieren wie möglich.

Experten haben zum Beispiel berechnet: Das Risiko, dass ein Mikrometeorit oder ein Stückchen Weltraumschrott in die ISS einschlägt und dabei ein lebensbedrohliches Leck in die Hülle reißt, lag bis vor Kurzem – auf zehn Jahre gerechnet – bei etwa 50 Prozent. Ein Druckabfall zählt damit zu den größten Gefahren, die einem im Alltag an Bord der Raumstation drohen – zusammen mit der Gefahr einer lebensbedrohlichen Krankheit, dass ein Feuer ausbricht oder dass aus dem Kühlsystem der Station Ammoniak austritt und unsere Luft vergiftet.

Wenn man das weiß, kann man gegensteuern. Inzwischen wurde etwa das Risiko eines Lecks in der Raumstation deutlich gesenkt: Ein besonders anfälliges Modul, der obere Teil der Soyuz-Kapseln nämlich, hat neue Schutzplatten bekommen. Das stärkt nun die Sicherheit der gesamten Station.

Macht euch als Astronauten die ständige Auseinandersetzung mit den Gefahren nicht manchmal verrückt?

Nein, im Gegenteil: Nur weil wir uns andauernd bewusst mit den Risiken unserer Reisen befassen, können wir sie minimieren. Dafür trainieren wir ja Abertausende Stunden vor jeder Mission und ersetzen auf diesem Weg emotionale Reaktionen durch rationale. Wir wissen genau, wo die Feuerlöscher und Atemschutzmasken platziert sind, wie wir ein Leck aufspüren und das betroffene ISS-Segment abriegeln – oder im äußersten Notfall unsere Station sogar innerhalb von Minuten sicher verlassen. Wir haben für viele Szenarien eine Vorstellung, wie wir sie lösen können.

Natürlich haben wir immer im Hinterkopf, dass wir uns auf der ISS ständig in einer potenziell lebensgefährlichen Situation befinden. Aber wir sind gut gewappnet. Und dadurch können wir im Alltag an Bord dann auch abschalten und uns auf die Wissenschaft konzentrieren.

BODENKONTAKT: Bei den Notfallsimulationen der Astronauten im Johnson Space Center der NASA in Houston überwachen die Flugkontrolleure – nur wenige Schritte entfernt – jede Bewegung an ihrer Monitorwand

Auch auf meinen Vulkan-Expeditionen in der Antarktis, auf Vanuatu, in Guatemala und Äthiopien bin ich so vorgegangen. Und ich glaube, dieser bewusste, nüchterne Umgang mit den Gefahren, die uns umgeben, könnte uns allen oft auch im Alltag sehr helfen.

Vielleicht fährt man zum Beispiel im Auto dann doch etwas defensiver und denkt nicht einmal daran, nebenbei noch eine Textnachricht zu tippen. Vielleicht lässt man sich im Herbst auch gegen die Grippe impfen, ernährt sich gesünder, macht häufiger Sport und überlegt zweimal, ob es sich wirklich lohnt, Zigaretten zu rauchen. Das bedeutet aber nicht, dass man auf alles, was Spaß macht, verzichten muss.

In vielen Lebensbereichen haben wir erstaunlich viele Optionen, die Nutzen und Risiken unseres Tuns in Balance zu bringen: beim Skifahren zum Beispiel. Das kann man für so gefährlich halten, dass man es einfach lässt. Oder für so attraktiv, dass man darauf nicht verzichten möchte, aber zumindest die Risiken minimiert – indem man zum Beispiel stets Helm und Wirbelsäulenschutz trägt und auf der Piste nicht schneller fährt, als man kontrollieren kann.

Wir haben die Wahl. Das aber müssen wir uns stets vor Augen führen.

Viele berühmte frühe Entdecker hatten sowohl mit realen als auch mit imaginären Gefahren zu kämpfen: Sie mussten den Mut aufbringen, sich über Legenden und Mythen hinwegzusetzen – über die Vorstellung der Antike etwa, die Erde sei eine Scheibe, von deren Rand man abstürzen könne. Oder dass in den Meeren tödliche Seeungeheuer hausen und an den Ufern kopflose Riesen herrschen.

Die Fantasien von solchen vermeintlich unüberwindbaren Risiken wirken aus heutiger Sicht absurd, aber damals mussten Abenteurer zunächst ihre Geldgeber, ihre Crew – und zum Teil auch sich selbst – vom Glauben an diese Gefahren befreien.

NEUE VERANTWORTUNG: Für seine zweite Mission lernt Gerst als Bordingenieur auch, die Soyuz-Kapsel komplett eigenständig zu steuern – in bis zu sechs Rotationsachsen. Der kleinste Fehler kann hier fatal sein

Im Nachhinein ist es leicht, darüber zu schmunzeln. Aber bis heute müssen sich viele neue Ideen erst gegen Kritiker durchsetzen, die das vorgeschlagene Wagnis für zu gefährlich halten – manchmal zu Recht, aber manchmal eben auch nicht. Der Schriftsteller T. S. Eliot hat dazu geschrieben: „Nur diejenigen, die es wagen, womöglich zu weit zu gehen, werden herausfinden, wie weit sie tatsächlich gehen können." Ich finde, das bringt es gut auf den Punkt.

Umgekehrt haben auch schon die frühen Entdecker versucht, die Risiken ihrer Reisen zu minimieren. Christoph Kolumbus brach nicht nur mit einem Schiff Richtung Westen auf, sondern gleich mit dreien, von denen nur zwei wieder heimkehrten: ein klarer, erfolgreicher Einsatz des „Redundanzprinzips". Man plant mit Reserven, auf die man im Notfall zurückgreifen kann.

Vor der Gefahr, auf den Meeren den Kurs zu verlieren, haben Kapitäne sich schon seit jeher mit stetig verbesserten, oft parallel verwendeten Navigationsgeräten gewappnet, vom Kompass über Sextanten bis hin zu heutigen GPS-Instrumenten.

Und der Brite James Cook bannte 1768 als Erster eines der tückischsten Risiken für die Seeleute seiner Zeit: den Skorbut – eine durch Vitaminmangel verursachte Krankheit, die bis dahin auf manchen Expeditionen mehr als die Hälfte der Crew dahingerafft hatte. Cook verordnete seiner Mannschaft Sauerkraut und Zitronensaft und brachte dadurch fast alle Expeditionsteilnehmer von seiner Fahrt in den Südpazifik wieder gesund nach Europa zurück.

Trotz aller Bemühungen: Vollkommen risikofrei kann ein Aufbruch ins Unbekannte doch schon aus Prinzip niemals sein, oder?

Nein, man sollte sich ehrlich eingestehen: Jede Erweiterung unseres Horizonts ist ein Wagnis – und immer auch mit Gefahren verbunden. Wenn wir das Unbekannte erkunden wollen, dann können wir niemals hundertprozentig vorhersehen, was uns erwartet. Das gilt für uns Astronauten heute im All genauso wie einst für die Seefahrer, die als Pioniere über die Meere gekreuzt sind.

Wäre Sicherheit wirklich das höchste Gebot, dürften wir gar nicht erst starten. Das wäre am sichersten – aber es würde uns auch nicht weiterbringen.

Wie geht es dir selbst: Liegt im Risiko der Missionen für dich auch ein Reiz?

Nein, eigentlich nicht. Ich werde das oft gefragt, aber ehrlich: Ich halte mich für einen eher vorsichtigen Menschen! Risiko ist für mich kein Selbstzweck, sondern eher ein manchmal notwendiges Mittel. Wettbewerbe zum Beispiel, bei denen es darum geht, wer am effektivsten die Todesangst unterdrücken kann, so wie einige Basejumper oder Big-Wave-Surfer sie ausfechten, interessieren mich nicht.

Natürlich finde ich es beeindruckend, die Naturgewalt einer Vulkaneruption zu erleben oder die Schubkraft einer startenden Rakete im Rücken zu spüren. Aber hauptsächlich fasziniert mich der Gedanke, wie wenig wir über das Weltall und unseren Platz darin wissen – und dass ich als Astronaut daran mitwirken kann, das zu ändern.

Ich muss abwägen: Wie groß ist der Nutzen eines Vorhabens, und welche Risiken würde ich dafür hinnehmen? Das schaue ich mir genau an, so wie ich es früher als Vulkanologe für Eruptionsgefahren gemacht habe.

Mit unseren einzigartigen Experimenten an Bord der Raumstation können wir Abertausenden Menschen hier auf der Erde helfen: mit besseren Medikamenten gegen Alzheimer, Parkinson oder Krebs. Mit neuen, ressourcensparenden Materialien, die wir in der Raumfahrt entwickeln. Und mit zukunftsweisenden Technologien und Inspiration für die nächste Entdecker-Generation.

Angstvorstellungen

Ungeheuerlich!

Mit Legenden und Mythen malen wir Menschen uns jene Welten aus, die zu unserer Zeit noch nicht gut erforscht sind – und schaffen so Trugbilder von Gefahren, die eigentlich nicht existieren. Der Gelehrte Sebastian Münster etwa beschreibt 1550 in seiner „Kosmographie" die Ozeane als Sammelbecken von Ungeheuern. Doch er selbst hat sie nie gesehen, seine Quellen sind Seemannsberichte.

Auch andere Legenden über entlegene Erdregionen halten sich lange: Am Nordpol stünde ein magnetischer Berg, der das Wasser verwirbele und Schiffe ins Erdinnere hinabziehe, heißt es zum Beispiel. Und der Süden Amerikas sei von Riesen bevölkert – den „Patagonen". Es sind frühe Science-Fiction-Formen, wie sie seit jeher der wissenschaftlichen Erkundung vorangehen – ähnlich wie viele jener Geschichten, die wir in Filmen und Büchern heute über die Weiten des Weltalls erfinden. Wie werden Menschen in 500 Jahren wohl über unsere Vorstellungen vom Universum urteilen?

SCHRECKEN DER OZEANE UND FERNEN LÄNDER: Menschenfressende Hummer, Seenashörner und -schlangen in Sebastian Münsters „Cosmographia universalis"

GEHEIMNISVOLLE LEGENDEN kursieren im 16. Jahrhundert über das neu entdeckte Amerika: etwa von einem Indianervolk ohne Köpfe. Der Kupferstecher Theodor de Bry, der sie „dokumentiert", weiß die Sensationsgier der Europäer zu stillen

BEFREIEND: Erst Peilgeräte zur astronomischen Winkelmessung wie Jakobsstab (unten rechts), Windrose (oben rechts) oder Astrolabium helfen Seefahrern, sich von den Küsten zu lösen

EINE GENIALE ERFINDUNG lotst den Entdecker James Cook 1774 quer durch den Südpazifik: der Sextant. Mit ihm kann der Winkel zwischen einem Himmelsobjekt und dem Erdhorizont bestimmt werden

NAVIGATIONSGERÄTE

Die Wegweiser

Wer sich vorwagt ins Unbekannte, kennt das Risiko, sich dabei zu verirren. Deshalb feilen Entdecker seit jeher an Strategien und Instrumenten zur Orientierung: Polynesische Seefahrer navigieren wohl schon vor rund 3000 Jahren mithilfe zusammengesteckter „Stabkarten". Seit dem 4. Jahrhundert vor Christus kennt man in China den Kompass. Und seit griechisch-römischer Zeit nutzen Kapitäne die ersten Winkelmesser, um die geografische Breite der eigenen Position aus dem Stand der Sterne zu bestimmen. Auch die Generation von Kolumbus und Magellan setzt darauf. Die Ermittlung des Längengrades auf See hingegen wird erst durch die Erfindung genauer, federgetriebener Uhren verlässlich – im 18. Jahrhundert! Inzwischen können Entdecker ihren Standpunkt einfach mithilfe von Satellitennetzen bestimmen (wie GPS oder dem präziseren europäischen System „Galileo") – zumindest so lange, wie die Batterien ihrer Geräte reichen.

Das ist ein so großer Nutzen, dass er die Risiken einer Weltallmission für mich aufwiegt.

Aber dieses Gefühl, sich in einer extremen Umgebung am Rande des Möglichen zu bewegen – das fasziniert dich schon auch, oder?
Ja doch, klar … aber nicht wegen des Adrenalinrausches, sondern wegen des damit verbundenen Ziels der Mission, relevante Erkenntnisse zu erlangen, und wegen der neuen, besonderen Perspektive, die man dabei auf die Welt, aber auch auf sich selbst und seine Grenzen gewinnt. Die Herausforderung, sich im Eis der Antarktis oder im Vakuum des Alls zu behaupten, zwingt einen dazu, sich ständig Gedanken über das eigene Handeln zu machen – und über die Konsequenzen, die damit verbunden sind.

Es macht mir Spaß, mich an diese extremen Umgebungen anzupassen, bis ich mich schließlich darin „zu Hause" fühle. Und mit diesen Erfahrungen kann einen dann auch im Alltag nicht mehr so viel erschrecken.

RESERVEFLOTTE: Schon Kolumbus verringert das Risiko seines Aufbruchs 1492 durch Redundanz: Als sein Flaggschiff, die „Santa Maria", leckschlägt und untergeht, kehrt die Mannschaft auf den beiden verbleibenden Karavellen sicher zurück

Was ist mit den ganz überraschenden Situationen, von denen du anfangs schon mal gesprochen hast: mit Gefahren, die niemand vorhersehen und im Training erproben kann – Fehlerverkettungen oder technische Ausfälle, für die es kein Standardverfahren gibt?
In solchen Situationen ist unser Problem ja vor allem: Unser Gehirn kann nur eine begrenzte Anzahl von Eindrücken gleichzeitig verarbeiten. Alles, was man nicht vorher trainiert hat, geht als eigenständige Belastung ein. Wie beim Autofahren zum Beispiel: Da muss man einsteigen, sich anschnallen, Schulterblick, Kupplung treten, schalten, blinken, navigieren, dem Beifahrer zuhören, und wahrscheinlich ist gleichzeitig auch noch das Radio an. All diese Dinge würden das Aufnahmevermögen verstopfen, wenn wir einzeln über sie nachdenken müssten. Da hilft uns die Routine, die wir beim Fahren haben: Kuppeln, Schalten und Gasgeben gehen automatisch, da müssen wir keinen Gedanken mehr dran verschwenden.

In Stresssituationen sinkt unsere Wahrnehmungskapazität weiter ab, im Extremfall bis fast auf Null. Beim Fallschirmspringen habe ich das bei einem Sprungschüler einmal selbst beobachtet: Bei einem der ersten Ausbildungssprünge aus einem Flugzeug war seine automatische Reißleine so verheddert, dass sein Schirm sich nicht von alleine öffnete. Mit einem einfachen Handgriff hätte der Schüler nun seinen Fallschirm zwar trotzdem auslösen können. Aber er war so gestresst, dass er im Sturzflug nur noch den Boden wahrnahm, der immer näher kam. Er war handlungsunfähig, wie gelähmt! Ich stand unten am Boden und habe fassungslos zugesehen, wie er ungebremst auf uns zu fiel. Zum Glück hatte er eine Automatik, die im letzten Moment den Reserveschirm ausgelöst und ihm dadurch das Leben gerettet hat.

Auch wir Astronauten sind vor der Gefahr eines solchen „Tunnelblicks" nicht gefeit. Daher trainieren wir so lange, dass viele Handgriffe zur Routine werden und unseren Kopf nicht belasten. In Notsituationen können wir dann größtenteils auf bekannte Muster zurückgreifen, auf Automatismen. So haben wir den Kopf frei, um die wirklich kniffligen Aspekte einer Situation anzugehen: Probleme, die niemand vorhergesehen hat und für die man improvisieren muss. So kann man die Grenze, an der Panik oder Angst auftreten, weiter von sich schieben.

In welchen Situationen hast du im Weltraum auf diese Notfallreserve im Kopf zurückgreifen müssen?
Bei meiner zweiten Mission zum Beispiel, als wir entdeckt haben, dass die Raumstation dieses Leck hat und der Luftdruck sinkt! Da schaltet man schlagartig um in den Notfallmodus, denn jetzt kann es auf jeden einzelnen Handgriff und jede Sekunde ankommen. Wir wussten ja zunächst nicht, wo und wie groß das Leck ist. Einem genauen Verfahren folgend muss man die Luken der einzelnen ISS-Module nach und nach schließen, um so den leckgeschlagenen Bereich einzugrenzen. Aber bei jeder Luke, die man verschließt, muss man auch damit rechnen, dass man sie nie wieder öffnen kann, weil

„Nur diejenigen, die es wagen, womöglich ZU WEIT *zu gehen, werden herausfinden, wie weit sie tatsächlich gehen können."*

T. S. ELIOT (1888–1965), LYRIKER

die Unterschiede im Luftdruck sie in die Verriegelung pressen können. Man darf also keinen Fehler machen!

Bei uns war das Leck ja in der angedockten Soyuz-Kapsel. Und in der Luftschleuse zwischen dem Raumschiff und der Station sind zwei Luken hintereinander, nur 40 Zentimeter voneinander entfernt. Wenn wir bei der Lecksuche die falsche der beiden geschlossen hätten, wären wir womöglich in der Kapsel gefangen gewesen, aus der die Luft entweicht – und erstickt.

Bis zu diesem Punkt haben uns noch die antrainierten Automatismen geholfen. Doch wie das Leck nun gestopft werden sollte, war in keiner Prozedur vorgesehen. Wir mussten improvisieren. Die Mischung aus Epoxid-Harz und einer Mullbinde, die wir in Absprache mit der Missionsleitung auf der Erde als Kitt zusammengestellt haben, war dann zum Glück sehr belastbar: Schließlich musste sie noch Monate bis zum Missionsende durchhalten, immer dem Vakuum des Weltraums ausgesetzt.

Solche extremen Gefahrensituationen erleben wir hier am Boden zum Glück nur selten. Doch auch im Alltag gilt: Wir müssen mit Risiken leben lernen. Experten sagen sogar, vernünftig und zu einem gewissen Grad auch entspannt mit Gefahren umzugehen, sei in unserer immer komplexer werdenden Welt so wichtig wie lesen und schreiben zu können. Schon Schülerinnen und Schüler sollten sich demnach mit statistischem Denken befassen, um Risiken besser einzuschätzen. Aber manchmal, in wirklich unübersichtlichen Situationen, müsse man auch seinem Bauchgefühl trauen. Verlasst auch ihr Raumfahrer euch hin und wieder auf eure Intuition?

Ja, als Ergänzung. Man muss zwar aufpassen, dass man aus einem vermeintlich genialen, spontanen Einfall oder Gefühl heraus nicht im falschen Moment von der Standardprozedur abweicht. Wir haben sogar einen ironisch gemeinten Namen dafür, den „Flash of Brilliance". Aber Intuition kann sehr nützlich sein, um versteckte Gefahren frühzeitig wahrzunehmen. Das habe ich schon gelernt, als ich früher in meinem Heimatort Künzelsau bei der DLRG, der Deutschen Lebens-Rettungs-Gesellschaft, und bei der freiwilligen Feuerwehr war. Von dieser Erfahrung profitiere ich bis heute als Astronaut: Im Zweifel greift man sich doch noch mal eine Atemschutzmaske extra oder stellt doppelt sicher, dass es keine Missverständnisse in der Crew gibt.

Zum Mut, mit Unsicherheiten zu leben, gehört auch, ein Scheitern zu akzeptieren. Ich finde, Expeditionen sind eine gute Schule dafür: Sie bergen stets die Gefahr, dass sie trotz aller Mühen nicht zum geplanten Erfolg führen. Jeder, der aufbricht, weiß: Lieber kehre ich einmal zu viel um als einmal zu wenig. Aufzugeben ist völlig in Ordnung.

Bei der höhenmedizinischen Expedition, die ich 2013 in Nepal begleitet habe, war das zum Beispiel von vornherein schon mit eingerechnet: Zusammen mit einer Gruppe von Ärzten und 40 Probanden sind wir, ausgerüstet mit Ergometern und Ultraschallinstrumenten, auf den 7126 Meter hohen Himlung Himal geklettert, um dort die Folgen vom Sauerstoffmangel im Körper zu untersuchen. Die Ergebnisse sollten Patienten auf Intensivstationen zugute kommen, die oft unter Sauerstoffmangel leiden, aber für Studienreihen natürlich viel zu labil sind und viele andere Komplikationen haben.

Von Beginn an war klar: Wahrscheinlich schaffen nicht alle Probanden es bis ganz nach oben zum Gipfel. Vermutlich auch nicht alle Forscher. Denn wer unterwegs höhenkrank wird, muss umkehren. Das hatten die Ärzte zur Grundbedingung der Expedition gemacht.

POSITIONSBESTIMMUNG: Als Test für neue Missionen lernt das Team auch, mit einem Sextanten im Weltall zu navigieren. „Sehr cool!", findet Gerst. Falls alle anderen Systeme ausfallen, könnten sich Astronauten so an den Sternen orientieren – ein Szenario, auf das die Besatzung der „Apollo 13"-Mission beispielsweise tatsächlich zurückgreifen musste

Das Maß der Gefahr

LANDEANFLUG: Gerst mit der Crew in einem Soyuz-Simulator

Was immer wir tun: Es ist mit Gefahren verbunden. Um Risiken von so unterschiedlichen Tätigkeiten wie Autofahren, Fallschirmspringen und Rauchen vergleichen zu können, rechnen Entscheidungsforscher in „Mikromort“ – einer Maßeinheit der Gefahr. Ein Mikromort entspricht dabei einer Chance von eins zu einer Million, durch eine bestimmte Handlung ums Leben zu kommen. Ein Verhalten im Größenbereich von 1 000 000 Mikromort führt nahezu sicher zum Tod, eine Handlung mit 100 000 dagegen statistisch nur in jedem zehnten Fall.

Das Grundrisiko eines 25-jährigen Menschen in Mitteleuropa, im Laufe eines normalen Tages zu sterben, liegt bei ungefähr einem Mikromort – was etwa genauso wahrscheinlich ist, wie bei einem Münzwurf 20-mal hintereinander zum selben Ergebnis zu kommen. Im Alter steigt dieses Grundrisiko naturgemäß an, ebenso wie durch alltägliche Entscheidungen.

Besonders hohe akute Gefahren lauern im Straßenverkehr: Motorrad zu fahren zum Beispiel lässt die Wahrscheinlichkeit eines Unfalls erheblich steigen – um je ein Mikromort alle 40 Kilometer, wie neue Studien zeigen. Auf einer Zugfahrt hingegen kommt erst bei mehr als 10 000 Kilometern ein weiteres Mikromort auf das „Risiko-Konto“ hinzu, in einem Verkehrsflugzeug sogar erst nach rund 12 000 Kilometern.

Ein Fallschirmsprung macht rund 7 Mikromort aus (ebenso viel wie ein Marathonlauf, ein zehntägiger Ski-Urlaub oder das Rauchen von einer Schachtel Zigaretten). Und das Risiko eines Tauchgangs mit Pressluftflaschen schwankt je nach Ausbildungsstand zwischen 5 und 10 Mikromort – was uns vor Augen führt, wie signifikant wir tatsächliche Risiken unseres Handelns durch Training und Umsicht auch selbst beeinflussen können. Genau überlegen sollte man sich auf jeden Fall einen Aufstiegsversuch am Mount Everest: Mit durchschnittlich 35 000 Mikromort würde er schwer zu Buche schlagen.

Mit der Corona-Pandemie sind Gefährdungs-Statistiken seit 2020 für viele zum Alltag geworden. Wissenschaftler haben zum Beispiel berechnet: Durch Covid-19 lag in Deutschland das Todesrisiko im Dezember 2020 für die Gesamtbevölkerung um rund 29 Prozent höher als in den Vorjahren; allerdings waren die Altersgruppen davon extrem unterschiedlich betroffen. Für nicht geimpfte Personen von über 80 Jahren habe die Infektionssterblichkeit bei rund 170 000 Mikromort gelegen, also bei nahezu einem in sechs Fällen. Eine Corona-Erkrankung war für sie damit ähnlich gefährlich wie etwa ein Herzinfarkt, für 20- bis 35-Jährige hingegen (mit rund 500 Mikromort) eher wie eine Grippe. Zum Vergleich: Das Risiko eines Patienten, sich im Krankenhaus selbst mit Keimen zu infizieren und daran zu sterben, schätzen Experten für Deutschland auf etwa 781 Mikromort. Wäre ein Flug in einem Verkehrsflugzeug ähnlich gefährlich, dann würde man allein über

MIKROMORT
Risikoanstieg in Mikromort durch …

Deutschland mehrere fatale Abstürze erwarten – jeden Tag.

Risikoforscher betonen zudem, dass wir zwischen temporären und chronischen Risiken unterscheiden müssten: Die Todesgefahr eines Fallschirmsprungs ist nach geglückter Landung getilgt. Sich ungesund zu ernähren indessen hat Langzeitfolgen. Forscher wandeln für chronische Risiken daher die Mikromort-Einheit oft auch in „Microlife“ um: als zeitlichen Maßstab dafür, inwieweit wir unsere statistische Lebenserwartung mit unserem Verhalten eher verlängern oder verkürzen. Ein Microlife entspricht dabei etwa einem Millionstel unserer durchschnittlichen Lebenszeit, also 30 Minuten. Jede 20-minütige Sporteinheit steigert die Lebenserwartung britischen Forschern zufolge um rund eine Stunde, ebenso wie zwei große Portionen Obst und Gemüse am Tag. Zwei Stunden fernzusehen wiederum verkürzt sie um rund ein Microlife. Und jede Schachtel Zigaretten kostet uns der Statistik nach fünf Stunden Lebenszeit.

Die Zahlen belegen: Es lohnt sich, ungewöhnliche Handlungen, die auf den ersten Blick hochriskant wirken, mit besser vertrauten als Referenz zu vergleichen. Bei einer sechsmonatigen Mission im Weltraum etwa hätte ein 40-jähriger Astronaut im Jahr der Reise ein insgesamt ähnliches Sterberisiko wie ein 65-jähriger Mitteleuropäer am Boden. Und das Risiko einer Bypass-Operation wäre beispielsweise noch weitaus höher.

Sterberisiko pro Tag in Mikromort (Grundrisiko in Mitteleuropa)

Quellen: C. Hesse (Universität Stuttgart), D. Spiegelhalter (University of Cambridge)

Im höchsten Forschungscamp, auf 7000 Metern Höhe, war auf den Gletschern dann noch ein Drittel des Teams dabei. Ein Riesenerfolg für die Expedition: Die Daten, die aus den Messreihen gewonnen wurden, sind für die Forschung unschätzbar wertvoll, und jeder Teilnehmer hatte daran seinen Anteil, auch diejenigen, die umkehren mussten. Man konnte schließlich vorab nicht sagen, bei wem die Höhenkrankheit zuschlagen würde.

Aber persönlich fiel es einigen Alpinisten – und auch manchen Ärzten – natürlich nicht leicht, sich zum Umkehren zu entscheiden: nach all den Strapazen, die sie bis dahin schon auf sich genommen hatten.

Das Scheitern gehört zum Entdecken dazu. Das gilt auch für die Raumfahrt. Bald werden Menschen versuchen, zum Mars zu fliegen. Aber wahrscheinlich werden wir manche Versuche auch abbrechen, manche Ideen unterwegs aufgeben müssen. Wenn man ein Risiko akzeptiert, akzeptiert man damit auch die Möglichkeit, dass es eintritt. Es ist keine Schande, dann lieber umzukehren.

Für große Ziele wie in der Raumfahrt bedeutet das aber auch: Es können Unfälle auftreten, die Menschen das Leben kosten. Sollte man dann trotzdem weitermachen?

Ja, das müssen wir sogar. Unbedingt! In der Raumfahrt hat es zwar schon seit Jahren keinen fatalen Zwischenfall mehr gegeben, und viele glauben daher, das sei normal. Aber aus Statistik und Erfahrung geht klar hervor: Neue Rückschläge werden kommen, und wahrscheinlich leider auch solche, bei denen Menschen ihr Leben verlieren. Zumal wir beim Aufbruch zu neuen Zielen, zum Mond und zum Mars, auf höhere Risiken treffen werden als im Routinebetrieb der ISS: Wir werden neue Technologien erproben, mit stärkerer Strahlung zurechtkommen, mehr Autonomie wagen müssen, weil die Entfernung für eine Notfallberatung per Funk zu groß ist.

Der erste Schritt in das Unbekannte ist immer am schwersten: Wir können als Gesellschaft entscheiden, ob wir ein höheres Risiko eingehen wollen, dann geht es schneller. Oder mehr Sicherheitsschleifen einbauen, dann geht es langsamer. Es ist wichtig, eine vernünftige Mischung aus beidem zu finden.

So oder so aber gilt: Wenn ein Unfall geschieht, müssen wir die Fehler, die dazu geführt haben, analysieren und daraus lernen. Aber wir dürfen auf keinen Fall unser Ziel aus den Augen verlieren und alles hinschmeißen.

Als Astronauten ist uns bewusst, dass wir von einer Mission vielleicht nicht zurückkehren werden. Weil wir den Nutzen sehen, der mit der Raumfahrt verbunden ist, haben wir unseren Frieden damit gemacht. Aber wenn nach einem tödlichen Unfall das Raumfahrtprogramm plötzlich eingestellt wird, wäre ja alles umsonst gewesen! Das wäre für jeden von uns Astronauten das Schlimmste, was wir uns vorstellen könnten.

Wenn man sich überlegt, welche Risiken wir als Gesellschaft beim Aufbruch ins Unbekannte eigentlich wagen wollen, hilft vielleicht der Gedanke: Welche Gefahren würden uns umgekehrt drohen, wenn wir zu Hause blieben?

Das stimmt. Hätten Forscher sich niemals in die Antarktis getraut, in Wüsten und zu Vulkanen, wüssten wir beispielsweise über den Klimawandel so wenig, dass wir dieser Gefahr, die ja die Zukunft der ganzen Menschheit bedroht, kaum begegnen könnten.

Auch ohne die Perspektive von außen auf unsere Erde, durch Satelliten und Astronauten, könnten wir viele globale Bedrohungen nicht so gut überblicken. Lebensrettende Technologien wären vielleicht nie erfunden worden. Und wenn wir das Weltall um uns herum nicht erkunden, werden wir uns gegen die Risiken, die uns zum Beispiel durch Meteoriten oder durch Weltraumstrahlung drohen, nie wappnen können. Für die Menschheit liegt die größte Gefahr darin, überhaupt nichts zu tun.

So macht manches Wagnis doch Sinn …

Ja – auch für mich, ganz persönlich. Das habe ich auch auf der ISS oft gedacht. Längst nicht alles da oben ist cool und spaßig. Die meisten Tage sind eher hart. Aber ich habe die Arbeit dort immer gern gemacht, weil ich finde: Sie hilft mir, die großen Fragen für mich zu klären, die sich wohl jeder irgendwann einmal stellt: Was ist mein Platz im Leben, in dieser Welt? Was gebe ich von dem, was ich mitbekommen habe, an die Gesellschaft zurück?

Ich hatte viel Glück, eine sichere Kindheit in Deutschland, freie Bildung, eine tolle Familie und musste nie Hunger leiden. Für mich entsteht daraus auch eine Verantwortung, etwas mehr zu tun und auch persönliche Unwägbarkeiten in Kauf zu nehmen, um anderen Menschen, denen es nicht so gut geht wie mir, zu helfen.

Als Astronaut kann ich dazu beitragen, dass wir Krankheiten besser heilen, unsere Erde besser verstehen und schützen und dass wir umweltschonende Werkstoffe entwickeln können. Millionen von Menschen werden von solchen Missionen profitieren: Dafür würde ich mich auch noch tiefer ins All hinauswagen.

„APOLLO 13“

Rettung im All

Reine Routine!, denken schon viele Beobachter, als die drei Astronauten Jim Lovell, Fred Haise und Jack Swigert am 11. April 1970 zur dritten Mondlandung aufbrechen. Ihre „Apollo 13“-Mission scheint zunächst glatt zu laufen – bis die Mannschaft am 13. April funkt: „Houston, we've had a problem!“. Im Servicemodul des Raumschiffs ist nach einem Kurzschluss ein Sauerstofftank explodiert – mehr als 300 000 Kilometer von der Erde entfernt!

Eine dramatische Rettungsaktion beginnt: Die Astronauten ziehen in die angekoppelte Mondlandefähre „Aquarius“ um und lenken das Raumschiff damit erst um den Mond herum – und dann zurück Richtung Erde. Für eine so lange Reise aber ist die Aquarius-Kapsel nicht ausgestattet: Das Wasser wird knapp, die Energieversorgung muss so weit heruntergefahren werden, dass die Crew fast erfriert. Und um nicht am eigenen CO_2 aus der Atemluft zu ersticken, bauen sich die Astronauten – nach einer in Houston eilig improvisierten Anleitung – notdürftig einen erweiterten Absorptionsfilter.

Die Rückkehr gelingt: Am 17. April landet die Crew im Pazifik. „Die Mission war ein Fehlschlag, aber ein erfolgreicher“, sagt Kommandant Lovell später. Ein Lehrstück für die Gefahren des Alls – und für die Kunst, damit umzugehen.

HAVARIE: Das Servicemodul des „Apollo 13“-Raumschiffes ist durch die Explosion schwer beschädigt. „Was für ein Chaos!“, funkt die Crew Richtung Erde

MIT KLEBEBAND, Pappe und einer Socke als Stutzen bauen die Astronauten den Kohlendioxid-Filter der Kapsel um

SURVIVAL-HELDEN: Fred Haise, Jim Lovell und Jack Swigert nach ihrer Rettung im Südpazifik

AUF HUMBOLDTS SPUREN: FORSCHUNG IM ALL

DIE WELTEN-SAMMLER

UNIVERSAL-LABOR:
Etwa 600 Experimente führen Astronauten pro Jahr auf der ISS durch – und schreiben dabei den Ansatz des Forschungsreisenden Alexander von Humboldt (1769–1859) fort, über Grenzen einzelner Wissenschaftsdisziplinen hinauszuschauen. Dieses Foto stammt von der Crew der Expedition-56 während des Rückflugs zur Erde. Die Mannschaft um Kommandant Gerst bleibt an Bord zurück – und wird monatelang nur zu dritt im All sein

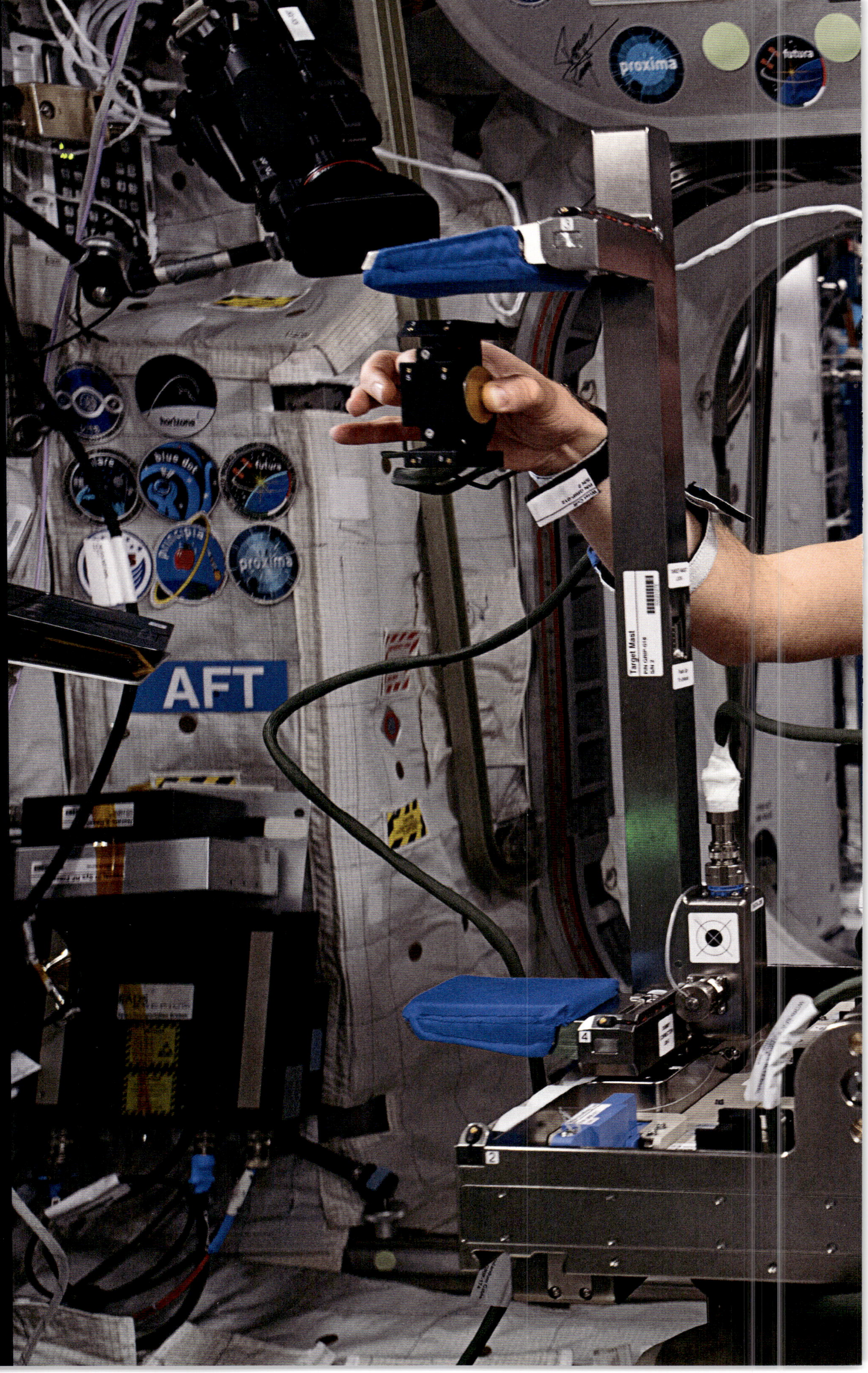

SELBSTVERSUCH: So wie Alexander von Humboldt auf seinen Expeditionen die Wirkung von Grubengasen, Zitteraalen und des Pfeilgifts Curare am eigenen Körper ausprobierte, führt auch die Besatzung der Raumstation viele Tests an sich selbst durch: In einem Greifversuch etwa untersucht Gerst, wie sein Gehirn sich zur Steuerung seiner Handmotorik der Schwerelosigkeit anpasst. In anderen Experimenten werden den Astronauten per Biopsie Muskelproben von mehreren Millimeter Durchmesser entnommen

iriss
horizons
FW

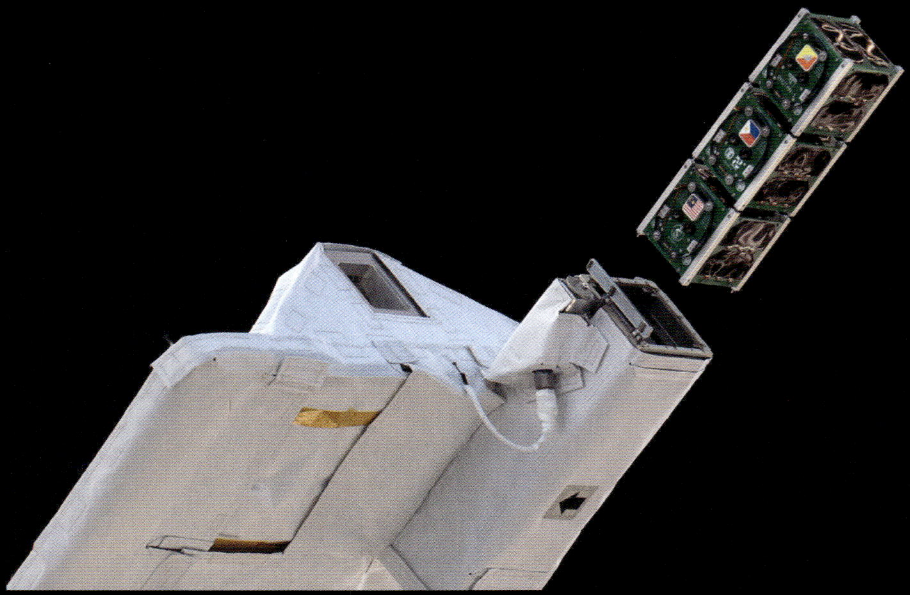

STARTHILFE: Mehr als 100 Staaten beteiligen sich an der Forschung an Bord der Raumstation. So setzt Gersts Mannschaft im Juni 2018 für Wissenschaftler aus Bhutan, Malaysia und den Philippinen drei Miniatursatelliten aus, die Umweltdaten erfassen sollen. Die winzigen, würfelförmigen Erdbeobachter haben eine Kantenlänge von nur zehn Zentimetern

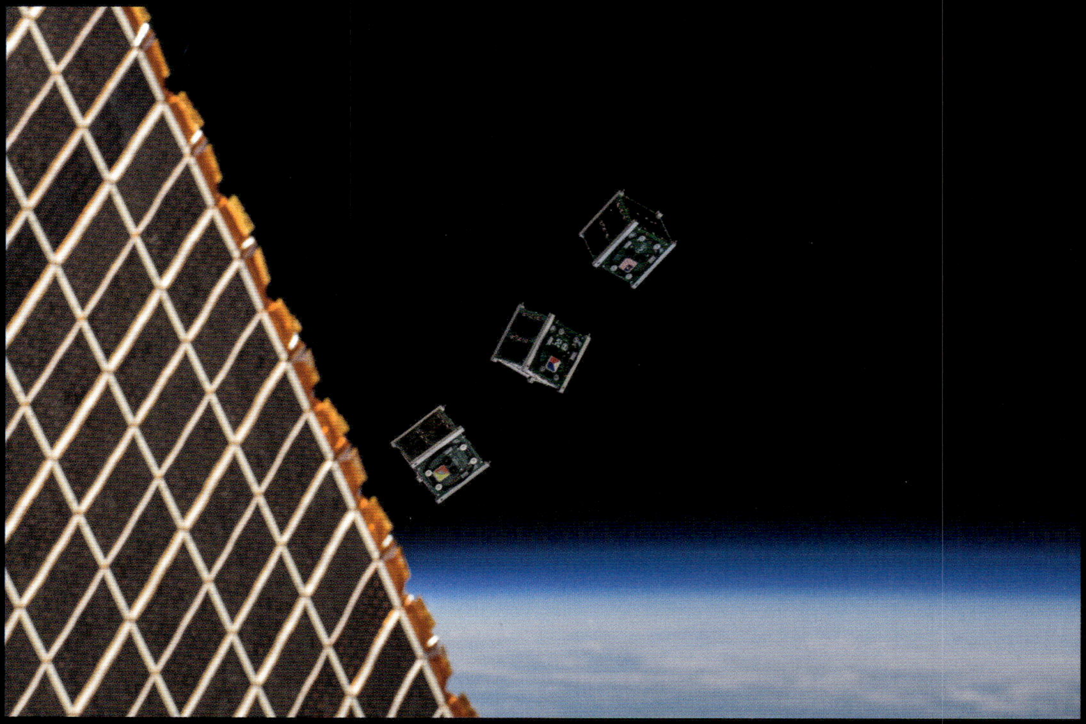

„Wie die Narren laufen wir bis jetzt umher. (…) Bonpland versichert, dass er von Sinnen kommen werde, wenn die WUNDER NICHT BALD AUFHÖREN.“

ALEXANDER VON HUMBOLDT (1769–1859), NATURFORSCHER

In der Ferne suchen sie nach Erkenntnissen, die uns allen zugute kommen: Was Astronauten, Höhlenforscher und Expeditionsmediziner zu Erben Humboldts macht

Bei jeder Mission auf der ISS führt ihr Astronauten Hunderte Experimente durch – von der Quantenphysik bis zur anwendungsorientierten Entwicklung neuer Medikamente, von der molekularen Photosynthese-Forschung bis hin zu grundsätzlichen Erkenntnissen über unsere Bedeutung als Menschen im Universum.

Mit diesem Pensum wirkt ihr für mich oft wie Nachfahren des Forschungsreisenden Alexander von Humboldt, der sich auf seinen Expeditionen im frühen 19. Jahrhundert für beinahe alle Wissenschaftsfelder zugleich interessiert hat – für die Pflanzengeografie, Astronomie und Geologie genauso wie für die Klimaforschung.

Humboldt war einer der ersten europäischen Entdecker, der das Unbekannte nicht mehr erobern, sondern verstehen wollte – und zwar im Zusammenhang, als ein „großes Ganzes“. Dafür hat er weite Wege, Risiken und Strapazen auf sich genommen, hat rastlos Proben gesammelt, gezeichnet, kartiert, gemessen.

So wie jeder von euch jetzt auf der ISS. Auch dort fließt der größte Teil eurer Zeit in die Experimente, oder?

Ja, mehr als die Hälfte der Zeit, würde ich sagen. Auf der Raumstation leben wir im Labor, da kommen schnell 80 Forschungsstunden pro Woche zusammen – immer wieder durchsetzt von Phasen mit Wartungsarbeiten an der Station.

Euer Einsatz hat sich gelohnt: Auf deiner ersten Mission im All habt ihr um die 300, auf deiner zweiten sogar 371 Experimente durchgeführt – und dabei unter anderem dem Königreich Bhutan zu seinem ersten Schritt in den Weltraum verholfen …

Ja, das war klasse – wobei mein eigener Anteil an diesem Erfolg zugegebenermaßen eher gering war: Wir haben von der Raumstation eine Reihe kleiner, „CubeSats“ genannter Beobachtungssatelliten, die Wissenschaftler aus Bhutan, Malaysia und den Philippinen bestückt hatten, in den vorgesehenen Orbit geschossen. Dafür nutzen wir katapultartige Startrampen, die wir durch die Luftschleuse des japanischen JEM-Moduls hindurchschieben. Unser Roboterarm richtet die Startrampe dann so aus, dass die Feder die Satelliten in einem genau

AM UFER DES ORINOCO: Auf seiner dreijährigen Südamerika-Reise bestimmt Humboldt (im Bild links) mit seinem Begleiter Aimé Bonpland Abertausende Pflanzen, Gesteinsproben und meteorologische Daten. Seine Einsicht: „Alles hängt mit allem zusammen."

TROTZ NEBLIGER KÄLTE, SCHWINDEL UND ATEMNOT steigen Humboldt und Bonpland 1802 an der Flanke des 6310 Meter hohen Anden-Vulkans Chimborazo (im Bild links) empor, der damals als höchster Berg der Erde gilt. Knapp 400 Höhenmeter unter dem Gipfel zwingt eine Felsspalte sie zur Umkehr. Die botanischen Proben, die sie unterwegs sammeln, vergleicht Humboldt später mit denen von Bergen in anderen Klimazonen – und weist damit nach, dass Pflanzen sich nicht beliebig, sondern in temperaturabhängigen Höhenstufen entwickeln

„Bis heute ist Alexander von Humboldt ein VORBILD *für die Feldforschung: Als Wissenschaftler und Raumfahrer stehen wir auf den Schultern von Wegbereitern wie ihm.“*

ALEXANDER GERST

berechneten Augenblick auf den Weg bringen kann. Für uns als Crew lag die Herausforderung darin, die Startrampe möglichst präzise aufzubauen, damit sie im richtigen Augenblick tadellos funktioniert. Dass wir dazu beitragen konnten, dass auch eine so kleine Nation wie Bhutan jetzt seine erste eigene Weltraumtechnologie für die Erdbeobachtung besitzt, war schon eine tolle Sache. Und dann die Bilder davon zu sehen, wie sich Hunderte von Studierenden, Forscherinnen und Forschern, Ingenieurinnen und Ingenieuren über ihren Erfolg gefreut haben: unvergesslich!

Mit manchen der Fotos, die ihr aus der Kuppel der ISS aufnehmt, tragt ihr auch zur wissenschaftlichen Erdbeobachtung bei: Ihr könnt besondere Wolken, Wirbelstürme oder die Eruptionsfahnen von Vulkanen in vielen Fällen genauer verfolgen, als es Satelliten können. Ein Blickwinkel, der auch Alexander von Humboldt bestimmt gefallen hätte: Für seine atmosphärischen Messungen musste er selbst ja noch Dutzende Instrumente mühsam an den Vulkanen der Anden emporschleppen.

Bei Vulkanexpeditionen kann man bis heute auf die Schlepperei leider noch nicht verzichten. Das haben wir beide ja in der Antarktis hautnah miterlebt, mit Solarzellen und mehreren LKW-Batterien auf dem Rücken.

Auf der ISS jedoch haben wir einen entscheidenden Vorteil. Im Vergleich zu Humboldt sind wir einfach schon mal viel höher, ohne dass wir schwer tragen mussten. Im Vergleich zu den meisten wissenschaftlichen Satelliten aber fliegt die ISS ziemlich niedrig, nur 400 Kilometer über dem Erdboden. Das ist praktisch, denn wir können unsere Kameras spontan auf besonders interessante Erscheinungen ausrichten: auf Polarlichter oder Vulkanwolken etwa, auf Waldbrände, Sandstürme oder Algenblüten im Meer. Und wir können Bilder seitlich geneigt fotografieren, mit Blick zum Horizont statt nur senkrecht nach unten, wie ja die meisten Erdbeobachtungssatelliten ausgerichtet sind: So können wir jeden Punkt der Erde, abgesehen von den Polargebieten, einmal am Tag von der ISS sehen.

Die Bilder, die wir zum Boden schicken, werden zum Teil sofort ausgewertet: Für Wirbelstürme beispielsweise kann man mit ihrer Hilfe recht gut bestimmen, wie heftig diese sind und auf welche Regionen sie aller Voraussicht nach zusteuern.

Aber auch später noch können Forscherinnen und Forscher die Kataloge der Fotos für ihre Studien nutzen – zum Beispiel, um zu verfolgen, wie das Auge eines Hurrikans aufgebaut ist und wie sich Korallenriffe oder die Wasserstände von Seen verändern.

Bei vielen Experimenten, die ihr in den Forschungsmodulen durchführt, geht es gar nicht um die Erforschung des Weltalls, sondern darum, unser Leben hier auf der Erde zu verbessern – zum Beispiel durch die Entwicklung von neuen Werkstoffen oder Medikamenten. Warum können wir diese Versuche nicht einfach am Boden machen?

Die Raumstation ist der einzige Ort der Welt, an dem wir Experimente für mehrere Stunden, Tage oder gar Monate ohne den Einfluss der Schwerkraft durchführen können. Selbst mit dem größten denkbaren Aufwand wäre das auf der Erde nicht simulierbar. Und dieser Effekt ist enorm: Der Wegfall der Schwerkraft lässt uns hintergründige Zusammenhänge und Phänomene erkennen, die uns am Boden verborgen bleiben – und dennoch wichtig sind. Für uns alle.

Bei meiner zweiten Mission haben wir zum Beispiel mit Proteinkristallen gearbeitet, die eine wichtige Rolle bei der Entstehung von Parkinson oder Alzheimer spielen. Sie sind empfindlich wie Schneeflocken. Wenn man sie in normalen Laboren zu züchten versucht, werden sie leider für eine genauere Analyse nicht groß genug: Durch die Schwerkraft und Strömungswirbel brechen die Äste ab, und die Kristalle entwickeln keine perfekten Strukturen.

Auf der ISS aber wachsen sie ausgezeichnet! Wir können die Kristalle dort züchten und danach wieder mit zur Erde bringen, um sie hier unten zu untersuchen – und so dazu beitragen, dass diese Krankheiten, unter denen weltweit Millionen von Menschen leiden, in Zukunft besser bekämpft werden können.

ÜBER HUNDERTE KILOMETER reihen sich die Vulkane der Anden in Südamerika aneinander. Bis heute gehen hier Forscher der Frage nach, die bereits Humboldt beim Anblick dieser „Allee" nicht mehr losließ: Wie wirken die Kräfte der Erde genau zusammen, um solche Feuerberge entstehen zu lassen?

In einem anderen Experiment haben wir Schäume erforscht, die auf der Erde ja ebenfalls schon in kurzer Zeit durch die Schwerkraft zerfallen. Das kennt jeder vom Schaum in der Badewanne oder in einem Bierglas. Auf der Raumstation haben wir nun Eigenschaften von Schäumen erforscht, die durch die Schwerkraft sonst überschattet werden. Die Forscher möchten mithilfe dieser Daten dann später am Boden besonders ressourcensparende und doch belastbare Werkstoffe bauen.

Und sogar die quantenmechanischen Eigenschaften von extrem kalten Ansammlungen aus Atomen, sogenannten „Bose-Einstein-Kondensaten", die hier am Boden nie lange genug stabil waren, haben wir nun in der Schwerelosigkeit länger als je zuvor untersuchen können: ein Ansatz, der uns bei der Entwicklung von neuen, revolutionären Computern extrem voranbringen könnte.

Was passiert dann mit diesen Daten?

Mit den Ergebnissen, die wir aus dem Weltall zur Erde zurückbringen, geht die Entwicklung neuer Medikamente, Werkstoffe oder Computersysteme in Universitäten und anderen wissenschaftlichen Einrichtungen auf der Erde weiter: Wir im All tragen in der Regel nur einen kleinen, aber sehr wichtigen Teil zu der Forschung bei und schließen jene entscheidenden Wissenslücken, die uns hier unten blockieren.

TAUSENDE NEUER TROPENPFLANZEN: ein wertvoller Fundus – auch für die Medizin

Ihr nutzt die Raumstation als Modell – so wie Alexander von Humboldt einst die Wesenszüge der Ökologie und der Pflanzengeografie in den Anden entwickelt hat.

Bis heute gehen auch viele der Wissenschaftler, mit denen ich selbst unterwegs bin, nach diesem Muster vor: Klimaforscher trotzen der Höhenluft im Himalaya und der Kälte der Arktis, weil sie in den Gletschern besonders gute Indizien dafür finden, wie sich die Temperaturen der Atmosphäre weltweit verändern. Mikrobiologen suchen in Gipshöhlen in der Wüste, mehr als 400 Meter unter der Erde, Bakterien, aus denen sie Antibiotika gegen multiresistente Keime in unseren Krankenhäusern gewinnen wollen. Und Ökologen erkunden in Regenwäldern von ganz spezifischen tropischen Inseln, vor der Westküste Panamas etwa, wie sich die Artenvielfalt des Dschungels insgesamt durch unseren Einfluss verändert.

Warum eigentlich gerade auf Inseln?

Weil sich auf ihnen im Kleinen, auf engen Raum, Evolutionsprozesse im Zeitraffer abspielen. Es sind Modelle, genau wie die ISS. Und diesen Gedanken finde ich faszinierend: dass Forschungsreisende sich im All wie auf Erden oft an extrem entlegene Ort vorwagen müssen, um Einsichten zu gewinnen, die nicht in Laboren oder am Schreibtisch zu finden sind – aber uns als Gesellschaft doch allen zugute kommen.

Klar, das ist richtig. Auch meine Vulkanforschung am Mount Erebus war so aufgebaut: Seine Ausbrüche in der Antarktis gefährden eigentlich keine Menschen – außer uns Forscher vielleicht. Aber dank seines besonderen, offen liegenden Magmasees ist er außergewöhnlich gut zu erforschen, ein Modellvulkan. Und die Erkenntnisse, die wir daraus gewinnen, helfen uns eben auch, Vulkaneruptionen in dichter besiedelten Weltgegenden vorherzusagen, in Italien zum Beispiel.

In diesen Reisen liegt etwas Heldenhaftes: Forscher wie Astronauten gehen für die Gesellschaft zu diesen extremen Orten, nehmen die Risiken und Strapazen also gewissermaßen auch stellvertretend für uns in Kauf.

Und manchmal zieht ihr sogar euch selbst dabei als Modell für die Forschung heran: Alexander von Humboldt probierte in Südamerika unter anderem das Pfeilgift Curare, ließ sich von Zitteraalen mit Stromschlägen malträtieren und bewies gemeinsam mit seinem Begleiter Aimé Bonpland durch den Aufstieg am Anden-Vulkan Chimborazo, dass Menschen in einer Höhe von 5500 Metern über dem Meer noch atmen können – ein Rekord, der jahrzehntelang nicht gebrochen wurde.

„Wie Humboldt es vorgelebt hat, wollen Astronauten und Feldforscher heute das Unbekannte nicht mehr erobern, sondern verstehen: Sie nehmen DIE RISIKEN UND STRAPAZEN *stellvertretend für uns in Kauf."*

LARS ABROMEIT

HOCH KONZENTRIERT: Serena Auñón-Chancellor analysiert Proteinkristalle, die in der Schwerelosigkeit der Station besser wachsen als auf der Erde – und Medizinern so helfen könnten, neue Medikamente gegen Krankheiten wie Parkinson oder Alzheimer zu entwickeln

ALIENS? Manche Geschöpfe, die Humboldt beschreibt – Brüllaffen etwa – wirken für Zuhörer in Europa fast zu fantastisch, um wahr zu sein

Auch auf der ISS seid ihr Astronauten mitunter selber „Versuchskaninchen“ der Wissenschaft, vor allem natürlich der Medizin: Gab es Momente, in denen dir das zu viel wurde?

Ach, das war schon in Ordnung. Die Tests am eigenen Körper sind freiwillig, aber ausgeschlagen habe ich bislang noch keinen. Die Studien sind schließlich wichtig und spannend. Sie machen es sich zunutze, dass wir auf der ISS zum Teil mit ganz ähnlichen Schwierigkeiten zu kämpfen haben wie chronisch Kranke hier auf der Erde: Das Immunsystem wird geschwächt, in der Schwerelosigkeit drohen Muskel- und Knochenmassen verloren zu gehen, wenn man das nicht effektiv kompensiert. Auch der Gleichgewichtssinn muss sich anpassen, ähnlich wie nach einem Schlaganfall.

Im Gegensatz zu den meisten Patienten im Krankenhaus aber sind wir ansonsten ja völlig gesund: Dadurch wird es für die Wissenschaftler mit uns als Probanden viel einfacher, relevante Symptome herauszufiltern und bis in die Zellebene hinein zu verfolgen.

Welche Schikanen müsst ihr dafür ertragen?

Zum Standard gehört, dass wir regelmäßig Speichel-, Urin- oder Blutproben abgeben, um die Veränderung des Immunsystems zu verfolgen. Heftiger dagegen war eine Studie zur Veränderung unserer Muskulatur: Dafür wird vor und nach der Mission mehrmals eine Biopsie-Nadel, die wie ein kleiner Apfelausstecher aussieht und eigentlich auch nach dem gleichen Prinzip funktioniert, in die Wade oder den Oberschenkel gerammt. Man spürt richtig, wie die Nadel ein Stück aus dem Muskel herausreißt. Die Probe ist zwar nur gerade einmal so groß wie ein Reiskorn. Aber Spaß macht das nicht.

Wirklich spannend fand ich persönlich bei meiner zweiten Mission auch den „Brain-DTI“-Versuch: Dafür werden Kernspinaufnahmen unserer Gehirnstrukturen vor und nach unserem Flug miteinander verglichen.

Was ist dabei herausgekommen?

Man kann in den Bildern tatsächlich sehen, wie mein Gehirn es im Lauf der Mission geschafft hat, die Störung des Gleichgewichtssinns zu kompensieren. In der Schwerelosigkeit denkt es am Anfang, es sei vergiftet worden: Deshalb wird einigen Neulingen auf der Station in den ersten Tagen auch noch ziemlich übel, ähnlich wie bei der Seekrankheit. Aber dann merkt man: Es fällt einem im Alltag an Bord immer leichter, sich schwebend zurechtzufinden.

Die Aufnahmen aus dem Kernspin zeigen, woran das liegt: Das Gehirn lernt, den „Datensalat“ aus dem Gleichgewichtsorgan zu ignorieren, und baut ersatzweise jene Regionen viel stärker aus, die der optischen Orientierung dienen. Zum Beispiel anhand der Ausrichtung der Wände im Inneren der ISS.

Wenn man genauer versteht, wie eine solche Kompensation funktioniert, kann man diesen Prozess vielleicht auch bei Schlaganfall-Patienten beschleunigen – und ihnen so helfen, schneller wieder gehen, lesen oder sprechen zu können.

Die Folgen der Schwerelosigkeit für den menschlichen Körper zu kennen und lindern zu können, wird auch für künftige Langzeitmissionen ins All wichtig werden: zum Mond und zum Mars. Auf welche weiteren Anforderungen von solchen Fernreisen bereitet ihr euch auf der Raumstation vor?

Auf die Strahlenbelastung zum Beispiel – indem wir an Bord der Raumstation in verschiedenen Konstellationen testen, wie sie sich auf uns auswirkt. Und sehr intensiv arbeiten wir an Lebenserhaltungssystemen, um unsere Rohstoffkreisläufe im All zu schließen. Das ist wohl die größte Herausforderung für das Leben im Weltraum: mit Wasser, Nahrung und Sauerstoff sparsam und autonom klarzukommen, ohne Chance auf Nachschub. Das müssen wir schaffen, sonst können wir niemals zum Mars reisen.

„Es kann sein, dass wir irgendwann zu fernen Planeten reisen werden, und dorthin werden wir dann unsere Mixtur aus Arroganz, Gier und Gewalt mitnehmen. Wir werden DIESE PLANETEN SO VERÖDEN, *wie wir es schon mit unserer Erde tun."*

ALEXANDER VON HUMBOLDT (1769–1859), NATURFORSCHER

Viele Entdecker haben das Neuland, das sie betraten, zugleich schwer beschädigt: indem sie Urwälder rodeten, Krankheiten einschleppten oder Ratten und Ziegen losließen, die sich unkontrolliert verbreiteten und das Leben aus der Balance brachten.

Alexander von Humboldt, der als einer der ersten großen Gelehrten unseren Umgang mit der Natur hinterfragt hat, ist schon vor mehr als 200 Jahren auch dem Gedankenspiel nachgegangen: Wenn irgendwann Menschen auf einem anderen Planeten landen – werden sie diesen dann ebenso ausbeuten und zerstören, wie Pioniere es über Generationen hinweg mit neu besiedelten Inseln und Kontinenten getan haben?

Das finde ich unglaublich weitsichtig – vor allem für einen Wissenschaftler des frühen 19. Jahrhunderts. Fließt diese Frage auch in die Forschung an Bord der Raumstation ein, wenn ihr dort für die Reise zu fremden Planeten trainiert?

Ja, allerdings. In Experimenten, die an der Außenhülle der Raumstation angebracht wurden, haben wir zum Beispiel herausgefunden, dass Bakterien, Viren und sogar Flechten und Bärtierchen lange in den extrem harschen Umweltbedingungen des Alls überleben können, trotz Vakuum, Trockenheit, Strahlung, Hitze und Kälte.

Wenn wir auf dem Mars also untersuchen wollen, ob es dort Spuren von Leben gibt, müssen wir deshalb ganz genau aufpassen, dass wir die Landschaft und unsere Proben nicht versehentlich durch „Mitbringsel" von der Erde kontaminieren. Wir wollen den Mars nicht so umgestalten, wie es die Konquistadoren in Südamerika getan haben, indem sie die Pocken mitbrachten. Selbst robotische Sonden müssen daher vor dem Start bis in die kleinsten Winkel mit großem Aufwand desinfiziert werden. Alle großen Raumfahrtagenturen haben eine eigene Abteilung hierfür, genannt „Planetary Protection".

Dennoch: Wenn wir als Menschen zu neuen Orten im Sonnensystem reisen, dann wird es sich nicht ganz vermeiden lassen, dass wir auch einige unserer Bakterien mitbringen. Aber wir können darauf achten, dass unser Einfluss so gering wie möglich bleibt – stets in Abwägung mit den Chancen, die durch das neu gewonnene Wissen entstehen: Das schulden wir auch der nächsten Generation von Entdeckerinnen und Entdeckern, die mit neuen Technologien und neuen Fragestellungen aufbrechen werden.

Als Erstes soll jetzt eine Raumstation in einer Umlaufbahn des Mondes gebaut werden, der „Gateway". Wird auch die Forschung dort auf den Ergebnissen von der ISS aufbauen?

Absolut. Wir legen jetzt schon die ersten Experimente fest, die in der neuen Station durchgeführt werden sollen. Unter anderem wird es dabei um Versuche gehen, die sich mit kosmischer Strahlung und mit der Physik der Sonne befassen – Dinge, die wir von der ISS aus nicht untersuchen können, da ihre Bahn sich noch innerhalb des Erdmagnetfelds befindet.

Auch wenn der Gateway in erster Linie eine logistische Zwischenstation auf dem Weg zum Mond sein wird, so wird er zusätzlich, wie die ISS, eine Plattform sein, auf der in internationaler Zusammenarbeit nach und nach immer neue Experimente und neue Fragen verfolgt werden können. Es werden Themen bedeutsam werden, die wir noch gar nicht kennen. Man muss eben viel Geduld haben, um die Prozesse und die Zusammenhänge tiefgreifend zu durchschauen.

Dieser Gedanke hätte bestimmt auch Alexander von Humboldt gefallen.

Ja, das glaube ich auch. Ich bin sicher: Wenn es ihm möglich gewesen wäre, hätte er ohne zu zögern an einer Mond- oder Marsmission teilgenommen. Und er wäre auf diese Reisen genauso gespannt gewesen, wie ich es jetzt bin.

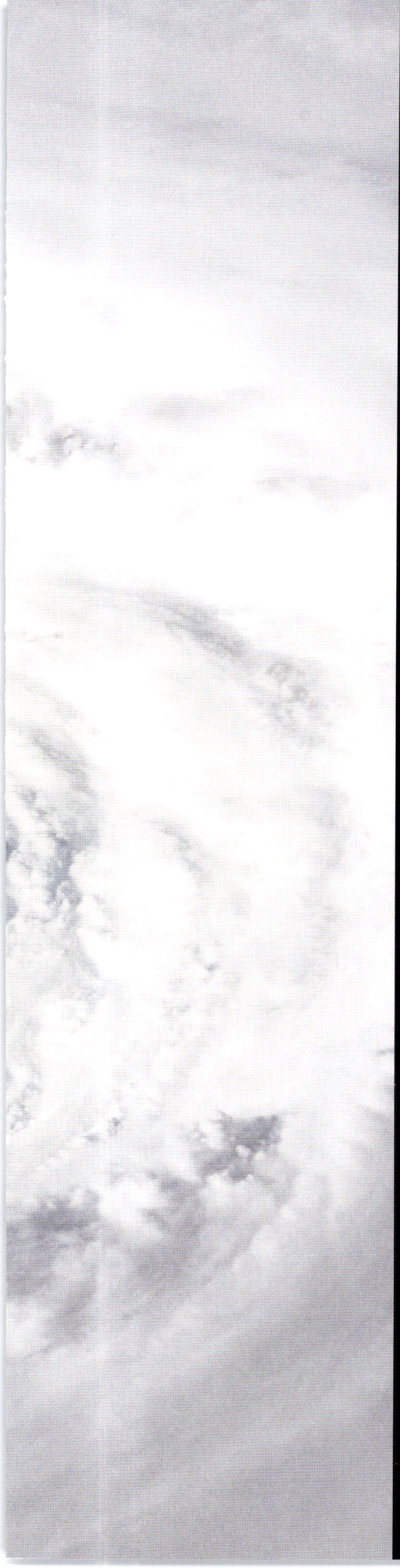

DIE WETTERVORHERSAGE: Gebannt verfolgt Gerst im Sommer 2018, wie tropische Wirbelstürme mit Windgeschwindigkeiten von bis zu 260 Kilometern pro Stunde durch den Pazifik rasen. Allein das Auge des Taifuns „Trami“ (links) umfasst eine Fläche viermal so groß wie Berlin. Die Fotos der ISS-Astronauten liefern Experten am Boden einzigartige Hinweise, um die zerstörerische Gewalt solcher Stürme zu überschauen – und ihren Verlauf zu berechnen

WOLKENMEERE: In meteorologischen Studien erkannte schon Alexander von Humboldt den Treibhauseffekt der Erdatmosphäre und vermutete, das Handeln des Menschen könne sich auf das Klima auswirken. Der Blick aus der ISS bestätigt: Die Schutzhülle unseres Planeten kennt keine Ländergrenzen. Was wir ihr antun, hat weltweite Folgen

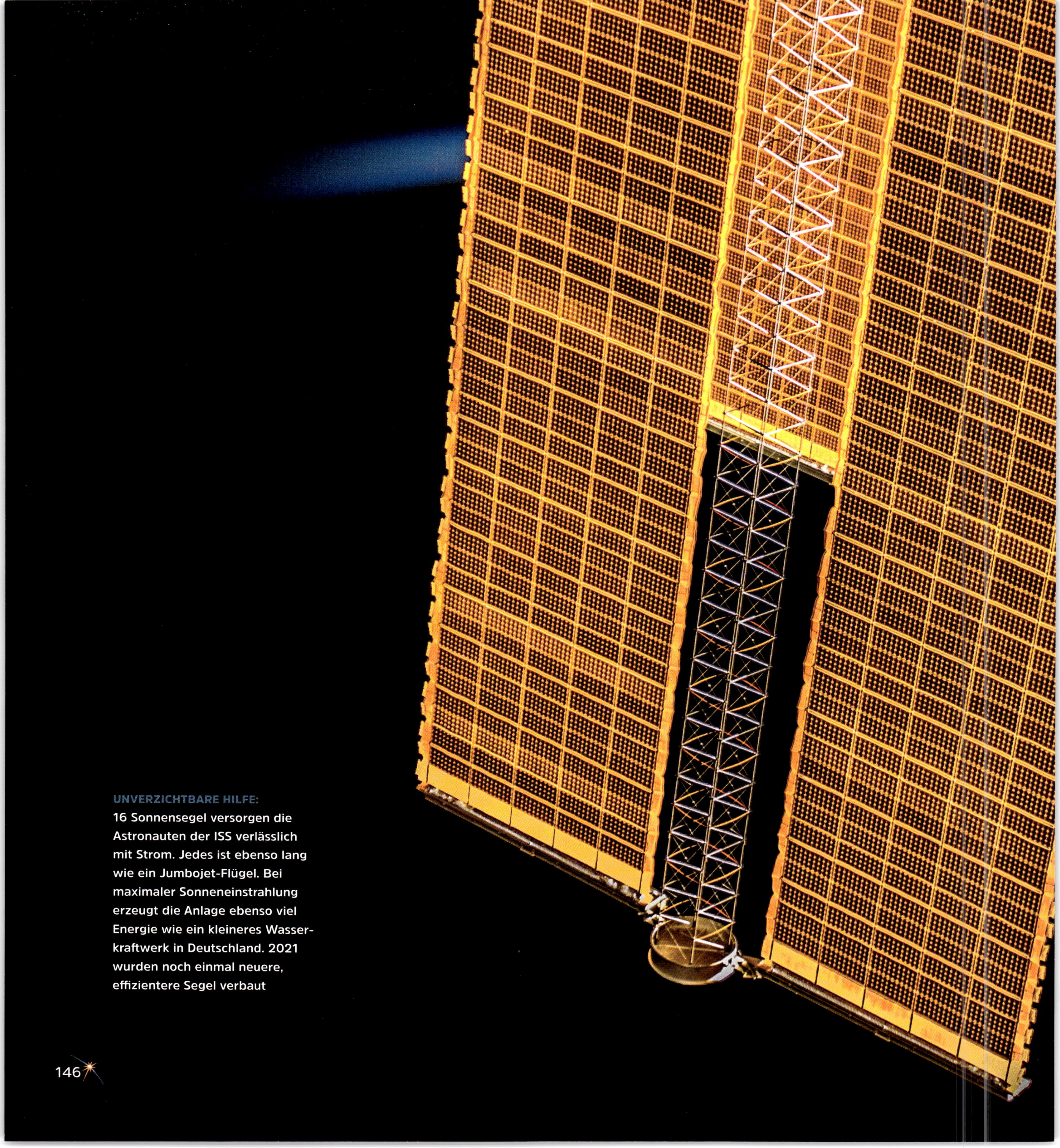

UNVERZICHTBARE HILFE:
16 Sonnensegel versorgen die Astronauten der ISS verlässlich mit Strom. Jedes ist ebenso lang wie ein Jumbojet-Flügel. Bei maximaler Sonneneinstrahlung erzeugt die Anlage ebenso viel Energie wie ein kleineres Wasserkraftwerk in Deutschland. 2021 wurden noch einmal neuere, effizientere Segel verbaut

ENTDECKER DER ZUKUNFT?

MENSCH UND MASCHINE

HANDLANGER: Für kleine Operationen an der Außenhülle der ISS kann der 17 Meter lange Roboterarm der Station auch vom Erdboden aus gesteuert werden. Zum Einfangen eines Raumfrachters aber müssen zwei Astronauten ihn dirigieren – und vorher jahrelang dafür üben: Den Dragon-Transporter, der sich am 8. Dezember 2018 der ISS nähert, lässt Auñón-Chancellor mit der Fernsteuerung zunächst frei im All treiben. Dann greift Gerst mit dem Roboterarm sekundengenau zu – und koppelt den Frachter an

Ob zur Erkundung des Weltraums oder der Tiefe im Ozean: Am weitesten kommen Roboter und Menschen, wenn sie zusammenarbeiten

Wir haben gesehen: Etwas Neues zu wagen, ist immer auch mit Gefahren verbunden. Wie siehst du das – sollten wir die Erkundung des Unbekannten deshalb in Zukunft häufiger Roboter überlassen?

Ja und nein. Wirklich weit kommen wir nur, wenn Roboter und Menschen zusammenarbeiten. Maschinen sind wichtige Vorbereiter und Helfer, einiges können sie sehr viel besser als wir Menschen. Und manche Umgebungen, wie zum Beispiel die Oberfläche der Venus, können aufgrund der lebensfeindlichen Umweltbedingungen dort nur Sonden erkunden. Aber nur Menschen sind in der Lage, neue Perspektiven zu erleben und zu berichten, wie sich die neue Welt anfühlt.

Was wird es bedeuten, vom Mars zurückzuschauen und unsere Erde nur noch als winzigen blassblauen Leuchtpunkt im All zu sehen? Erst durch diese Betrachtung, die ein Pionier oder eine Pionierin stellvertretend für alle Menschen macht, wird eine Entdeckung ja auch für all diejenigen bedeutsam und inspirierend, die selbst nicht dabei sein können: Menschen beziehen sich auf andere Menschen, nicht auf Maschinen, um sich ein Bild von der Welt zu machen – und von ihrem eigenen Platz darin.

Das kann man zum Beispiel gut an den Mondmissionen erkennen: Die erste sichere Landung auf unserem Trabanten ist einer Sonde, der russischen LUNA-9, bereits 1966 gelungen. Aber die wenigsten wissen das. Im kollektiven Gedächtnis werden es immer die Pioniere Neil Armstrong, Buzz Aldrin und Michael Collins von der „Apollo 11"-Mission sein, die den entscheidenden ersten Vorstoß zum Mond geschafft haben – drei Jahre später.

Auf der ISS lebt ihr mit Robotern in enger Gemeinschaft: Tausende von Sensoren überwachen euren Alltag und schlagen Alarm, wenn Probleme auftreten. Die Station behebt viele kleine technische Komplikationen allein, der robotische Greifarm hilft euch bei Reparaturen an der Außenhülle. Und auch bei vielen Experimenten müsst ihr nur eingreifen, wenn etwas schiefläuft.

Ja, genau. Die ISS ist eine Art „Mensch-Maschine", eine perfekte Symbiose aus Technik und der humanen Kunst, damit umzugehen. Wir ergänzen uns: Ohne die ISS könnten Menschen im Weltraum nicht überleben, sie schützt und versorgt uns. Umgekehrt helfen wir Astronauten der ISS, ihre Aufgaben zu erfüllen. Immer wieder kommt es zu Situationen, die niemand vorhergesehen hat und die nur wir Astronauten kreativ auflösen können. Ohne uns Menschen wäre die Raumstation nutzlos.

Im Ozean, der für Menschen ja ähnlich schwer zu erkunden ist wie der Kosmos, gibt es ein marines Pendant zur ISS: die „Aquarius Reef Base", die einzige Unterwasser-Forschungsstation der Erde. Sie steht vor Florida auf dem Grund des Atlantiks. Wissenschaftler können hier wochenlang in der Tiefe leben, um das Korallenriff zu beobachten und zu vermessen. Auch Astronauten trainieren manchmal von der Aquarius-Station aus für neue Missionen.

Vor einigen Jahren habe ich mit dem Fotografen Christoph Gerigk zusammen ein Forschungsteam auf der Station besucht – und die Rolle der Technik im Meer dabei ähnlich erlebt, wie du sie für die Raumfahrt schilderst: Ferngesteuerte Tauchroboter werden

UNTER FISCHEN: Vor Floridas Küste bietet die Aquarius-Station in rund 20 Meter Tiefe Unterschlupf für sechs Forschende. Durch eine Öffnung im Boden können sie ein- und aussteigen. GEO-Reporter Lars Abromeit (unten rechts) hilft 2011 bei der Untersuchung der Riffe mit

WASSERWELT: Ozeane bedecken zwei Drittel der Erdoberfläche und bilden mit Abstand den weltgrößten Lebensraum. Doch mehr als 90 Prozent ihrer Tiefen sind für uns Menschen nur mithilfe von Tauchbooten oder -robotern zu erreichen

„Dieses UNDEFINIERBARE BLAU:
Es schien mir wie das letzte grandiose Aufflackern einer Flamme, bevor sie erlöscht.“

CHARLES WILLIAM BEEBE (1877–1962), MEERESFORSCHER

zwar immer leistungsfähiger, und die Entwicklung von neuen Hightech-Geräten hilft Meeresforschern, aus jedem Tauchgang mehr Daten zu schöpfen. Doch das Gespür für das Ungewöhnliche, den Seitenblick für ein ungeahntes Phänomen im Korallenriff, und vor allem die Einsicht, wie klein und unbedeutend wir im Verhältnis zum Ozean eigentlich sind – das können Maschinen nicht ersetzen.

All das entsteht nur, wenn man wirklich da unten ist, umgeben von Fischschwärmen, Adlerrochen und leuchtenden Planktonwolken, die nachts am Riff entlangziehen.

Das kann ich mir sehr gut vorstellen. Auch mich faszinieren ja die entlegenen Ecken der Welt, und die Tiefen der Meere gehören definitiv dazu. Vor Kurzem hatte ich das seltene Glück, mit einem Forschungstauchboot vor den Azoren einen Kilometer tief bis zum Boden des Ozeans abzutauchen, zusammen mit dem Erfinder des U-Boots und der Meeresbiologin Antje Boetius. Ungeschützt könnten Menschen das nicht überleben: Dort unten herrscht ein ähnlich hoher Umgebungsdruck wie auf der planetaren Oberfläche der Venus. Das zu erleben, war eine neue, spannende Perspektive für mich.

An dem Astronauten-Trainingsprogramm der Aquarius-Station, viele Tage am Stück unter Wasser, würde ich deshalb auch sehr gern einmal teilnehmen: Tauchen, ohne auftauchen zu müssen – davon haben bereits Generationen von Meeresforschern geträumt! Wie hast du das empfunden?

Das war großartig. Man wird tatsächlich zu einem Teil dieser Unterwasserwelt! Das Problem für die Forscher ist nur: In einem Notfall, also wenn zum Beispiel ein Feuer ausbricht in der Station, dann können sie nicht einfach zur Oberfläche zurück. Denn durch den Druck in der Tiefe ist ihr Blut mit Stickstoff gesättigt. Der würde beim Auftauchen ausperlen wie die Kohlensäure aus einer geöffneten Sektflasche und lebensbedrohliche Lähmungen nach sich ziehen.

Erst am Ende jeder Mission wird der Luftdruck in der Unterwasserstation ganz langsam, in ungefähr 17 Stunden, an jenen der Oberfläche angepasst, und die Aquanauten können nach oben aufsteigen. Bis dahin sind sie in der Tiefe gefangen – und auf die Technik ihrer Station angewiesen. Auf ihre Maschinen.

Es gibt zwischen der Raumfahrt und der Erkundung der Meere so viele Parallelen! Unter anderem gilt bei beiden eben: Neue Entdeckungen werden nicht entweder von Maschinen oder von Menschen gemacht, sondern immer von beiden.

Das lässt sich nicht trennen – wie mittlerweile eigentlich in fast allen Wissenschaftsdisziplinen. Wie in jeder Synergie bringt es am meisten, wenn beide Seiten das einbringen, was sie am besten können. Bei uns Menschen ist das vor allem unsere Intuition, Kreativität und Flexibilität; und bei den Maschinen ihr Talent für Prozesse, die präzise und oft wiederholt werden müssen, mit großem Rechenaufwand verbunden sind oder für uns zu gefährlich wären.

SO ENGAGIERT wie nur wenige andere treibt der Franzose Jacques-Yves Cousteau ab 1946 die Entwicklung von Atemgeräten und U-Booten an: Seine „tauchende Untertasse“ SP-350 Denise erlaubt Vorstöße in bis zu 350 Meter Tiefe

Nimmt die Automatisierung auf der ISS stetig zu?

Ja, der Trend geht in diese Richtung, genau wie hier auf der Erde. Schon jetzt ist die Raumstation, grob geschätzt, zu über 90 Prozent ein robotisches System. Und es kommen immer neue Instrumente hinzu, die uns weiter entlasten, wie DNS-Sequenzierer und Mikroskope, die vollautomatisch arbeiten. Oder die „ICE CUBE“-Experimente: Das sind kleine Würfel von zehn Zentimeter Kantenlänge, die wir nur anschließen müssen, und die Versuche in ihrem Inneren laufen dann von alleine ab oder werden vom Boden gesteuert.

Droht ihr als Astronauten dann doch, nach und nach von der Technik verdrängt zu werden?

Nein, da habe ich keine Sorge! Im Gegenteil, je mehr die Technik dazulernt, desto effektiver wird das Gesamtsystem. Zum Beispiel bei Routineaufgaben, die wir als Menschen nicht gerne, nicht sonderlich gut oder auch nicht effizient machen. Indem wir diese an die Maschinen abgeben, gewinnen wir selbst mehr Freiheiten, um uns spannenderen Dinge zu widmen: Dadurch können wir letztendlich immer mehr und vor allem immer komplexere Experimente durchführen.

Wie das „Cold Atoms Lab“: Bei Temperaturen nahe dem absoluten Nullpunkt, also bei -273,15 Grad Celsius, untersuchen wir auf der ISS die Quantenmechanik von Atomwolken, die in der Schwerelosigkeit viel stabiler sind als am Boden. Solche Erkenntnisse sind für zukünftige Quantencomputer unabdingbar. Oder das Plasmakristall-Experiment „PK-4“: Darin erforschen wir atomare Prozesse in ionisierten, also elektrisch leitenden Gasen, die erst durch den Schwebezustand in der ISS fürs menschliche Auge sichtbar werden.

Solche Experimente wären noch vor wenigen Jahren im Weltraum undenkbar gewesen.

Für Unterwasser-Stationen gilt dieser Gedanke eigentlich auch. Dennoch ist die Aquarius-Station ein Fossil – das letzte Relikt einer Zeit, in der viele glaubten, wir Menschen würden in Kürze den Meeresboden besiedeln: Unterwasserstädte errichten und Algenplantagen anlegen.

In den 1960er-Jahren, parallel zur Begeisterung für die Reisen zum Mond, schien auch die Erschließung des „Inner Space“ unter Wasser zum Greifen nahe: 65 Stationen wurden im Meer platziert, eine sogar in der Nordsee. Aber Ende der 1970er-Jahre ließ diese Euphorie nach – weil es als zu aufwendig und zu kostspielig galt, die Gefahren des Ozeans in den Griff zu bekommen.

Die Ozean-Institute konzentrieren sich seither vor allem auf die Entwicklung von tiefseetauglichen Robotern. Nur die Aquarius-Station hat überlebt: ein Dinosaurier, der wie eine riesige stählerne Spinne mit leuchtenden Bullaugen unten am Riff festgewachsen ist.

Auch den Raumfahrtagenturen wird manchmal vorgehalten, astronautische Missionen seien zu teuer, Roboter viel effizienter. Aber das ist zu kurzsichtig: Die Menschheit betreibt die ISS jetzt bereits seit Jahrzehnten erfolgreich und unfallfrei. Durch das Zusammenspiel von Maschinen und Menschen haben wir Tausende Experimente durchführen können! Wenn all diese Experimente auf unbemannten Satelliten gestartet worden wären, so wäre es wesentlich teurer geworden, und viele der Experimente wären gescheitert.

Was uns die astronautische Raumfahrt kostet, wird ohnehin oft überschätzt: Laut einer unabhängigen Studie, die 2019 durchgeführt wurde, denken die Deutschen, dass von den Steuergeldern jedes

„Der Mensch trägt das Gewicht der Schwerkraft auf seinen Schultern. Doch er muss nur unter die Wasseroberfläche sinken … und ER IST FREI.“

JACQUES-YVES COUSTEAU (1910–1997), MEERESFORSCHER

KURIERDIENST: In druckdichten Tonnen bringen Helfer den „Aquanauten“ in der Aquarius-Station vor Florida neue Messgeräte und Vorräte

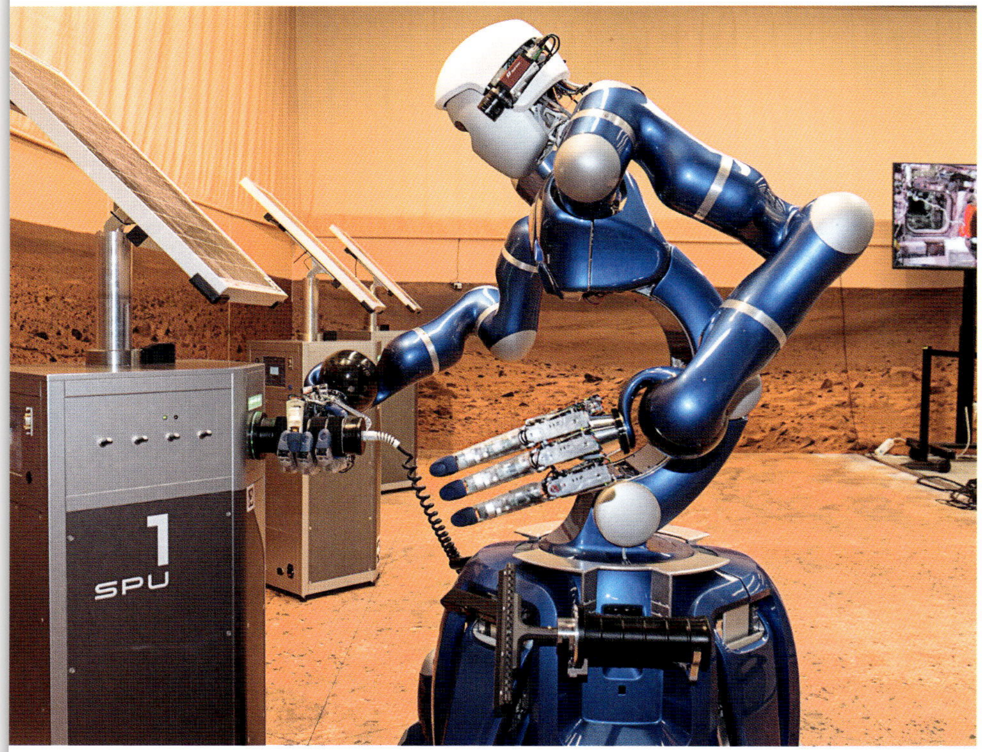

SO FERN UND DOCH NAH: Von der ISS aus steuert Gerst im August 2018 den humanoiden Roboter Justin in einem „Marslabor“ auf der Erde

Bürgers eines ESA-Mitgliedsstaats pro Jahr 284 Euro für die Raumfahrt ausgegeben werden, wenn man die Gesamtkosten auf die Bevölkerung umlegt. Und sie würden sich sogar noch eine Erhöhung dieses Betrags wünschen, auf über 380 Euro.

Tatsächlich ist der wirkliche Preis aber nur ein winziger Bruchteil davon. Im Durchschnitt zahlt jeder Bürger für die astronautische Raumfahrt pro Jahr rund einen Euro und 50 Cent. Vor Kurzem hat eine Wirtschaftsstudie sogar gezeigt: Für jeden Euro, der in die ISS-Forschung investiert wird, fließen durch die Erkenntnisgewinne, den technologischen Fortschritt und durch den Aufbau von Arbeitsplätzen in den beteiligten Staaten 1,80 Euro an die Gesellschaft zurück.

Es lohnt sich also, und zwar für uns alle! Dabei sind viele zusätzliche Effekte noch gar nicht berücksichtigt – die Symbolkraft der ISS für die internationale Zusammenarbeit zum Beispiel, die unsere Staatengemeinschaft stabilisiert. Oder die Faszination für Technik und Forschung, die wir an die nächste Generation weitergeben, an die Entdeckerinnen und Entdecker, Ingenieurinnen und Ingenieure der Zukunft.

Diese Werte sind schwer in Euro und Cent zu berechnen. Wie soll man, als Vergleich, beispielsweise für eine Grundschule den „Return of Investment“ ermitteln? Aber wahrscheinlich sind genau diese Werte am wichtigsten.

Bei der „Horizons“-Mission hast du von der ISS aus auch einen humanoiden Roboter mit Namen „Justin“ in einem Labor auf der Erde gesteuert – als Test für die Vorbereitung von Mond- und Marsmissionen. Wie hat sich das angefühlt?

Super! In einer am Boden nachgebauten Planetenlandschaft sollte ich Justin von der Station aus bei der Wartung und Reparatur von Solarmodulen dirigieren. Um zu prüfen, wie intuitiv die Steuerung ist, wurde ich absichtlich vorher nicht in die Aufgabe eingewiesen oder trainiert. Und ich war beeindruckt, wie gut der Test funktioniert hat. Ich konnte schnell sehen: Ich muss dem Roboter nicht jeden Einzelschritt vorgeben oder ihn gar mit einem Joystick steuern, sondern mir nur die generellen Aufgaben überlegen, die Justin bewältigen soll. Die Ausführung selbst kann ich ihm über das Tablet dann übertragen.

Wenn ich ihm also sage: „Fahre zum rechten Solarpanel und reinige es!“, dann macht er das einfach – dank seiner Sensoren vielleicht sogar besser, als ein Mensch das per Fernsteuerung tun könnte. Und ich selbst bin nicht abgelenkt von Details, sondern kann mich voll darauf fokussieren, den Überblick zu behalten und über den nächsten wichtigen Schritt nachzudenken.

Das war eine großartige Befreiung, verglichen etwa mit der Steuerung unseres Roboterarms auf der ISS: Wenn wir damit Raumtransporter einfangen und an die ISS ankoppeln, müssen wir mit den beiden Joysticks sechs Achsen gleichzeitig steuern und auf jede kleinste Bewegung achten. Ein kurzes Zucken im falschen Moment – und man zertrümmert im schlimmsten Fall die Außenhülle unserer Station.

Was meinst du: Kommt die Justin-Simulation einer zukünftigen Erkundung von Mond und Mars bereits nahe?

Ich denke schon, jedenfalls weist sie genau in die Richtung, in der wir weiterarbeiten müssen. Dass wir Roboter bauen können, die auf fremden Planeten wertvolle Untersuchungen vornehmen, haben wir in der Raumfahrt bereits oft gezeigt. Das Problem ist, dass sie auf dem Mars zum Beispiel nur langsam vorankommen, weil die Funksignale zwischen der Erde und unserem Nachbarn im All so lang unterwegs

„Sorry, ich bin NUR EIN ROBOTER.
Ich habe nicht alles verstanden, was du erwähnt hast."

CIMON, SCHWEBENDER ROBOTER AUF DER ISS, 2018

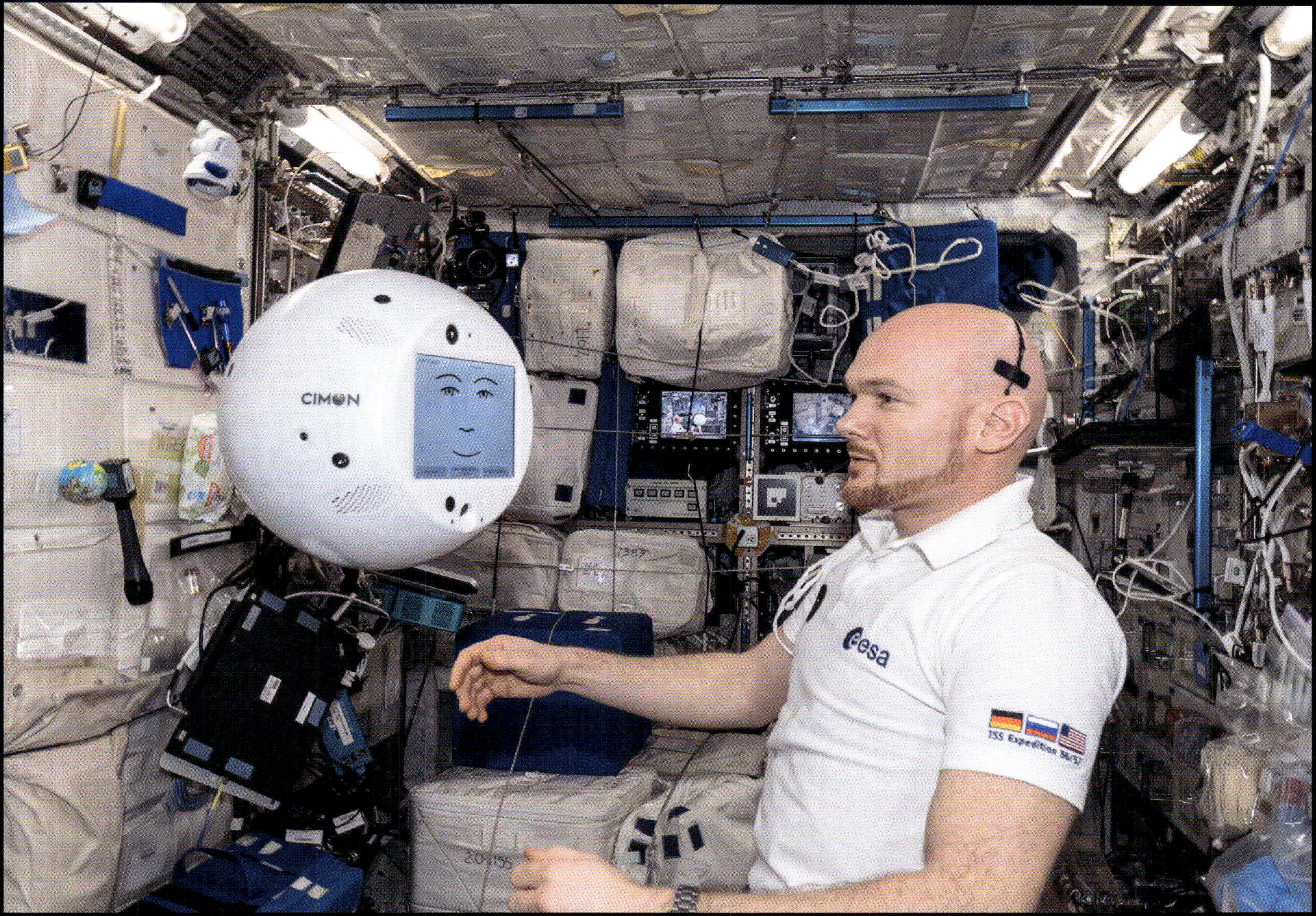

ROBOTISCHE ASSISTENTEN wie das sprachgesteuerte Computerhirn Cimon sollen Astronauten in Zukunft im All unterstützen. Der erste Prototyp zeigt im Test: Orientieren kann er sich gut, doch sein Verständnis des Menschen hat bisher noch enge Grenzen

„Einen Kumpel an Bord wird ein Roboter NIE ERSETZEN *können – und das sollte er auch nicht."*

ALEXANDER GERST

DER ARBEITSPLATZ VON ZWEI ASTRONAUTEN, die einen Raumtransporter einfangen sollen: Je weiter die Technik solche Manöver automatisiert, desto mehr könnten Raumfahrer sich auf andere Aufgaben konzentrieren, meint Gerst. Seine Crew-Mitglieder aber würde er niemals zugunsten von Robotern aufgeben wollen

sind. Da wäre es wirklich von großem Vorteil, wenn Astronauten sie aus dem Mars-Orbit dirigieren könnten.

Ein Zwischenschritt für die Landung der ersten Mars-Astronauten …

… genau. Als Vorhut sind Roboter auf dem Weg zu den nächsten Zielen im All unverzichtbar: Sie können die Gefahren analysieren, die Strahlendosis erfassen, Ressourcen im Boden aufspüren. Und wenn dann irgendwann Astronauten dazukommen, wird der Erkenntnisgewinn ein ganz neues Niveau erreichen.

Auf dem Mars sind bis zuletzt mit „Perseverance" mehrere Rover erfolgreich gelandet und haben jahrelang viele kostbare Daten gesammelt. Einer der Ingenieure, der an der Entwicklung dieser Programme entscheidend beteiligt war, wurde auf einer Konferenz einmal gefragt: Wie lange hätte ein Mensch wohl gebraucht, um Ähnliches zu erreichen? Und die Antwort des Ingenieurs war: „Ein paar Tage, vielleicht eine Woche."

Unsere Intuition und unser Talent zum Improvisieren machen uns Menschen zu sehr effizienten Entdeckern: Wir können entscheiden, welcher Stein wichtig ist, welcher nicht. Und wir graben im Boden vielleicht noch ein wenig tiefer als ursprünglich geplant – einfach aus dem Gefühl heraus, da könnte noch was zu finden sein, weil sich vielleicht die Farbe der Erde leicht geändert hat. Das ist ja eigentlich auch nicht erstaunlich, immerhin hat die Natur uns über Jahrmillionen hinweg für solche Aufgaben optimiert. Roboter sind erst wenige Jahrzehnte alt, wir haben also einen enormen Entwicklungsvorsprung. Aber es hilft natürlich, wenn Sonden vorher für uns erkunden, was uns erwartet.

Wenn Astronauten sich auf den Weg Richtung Mars machen, werden sie noch weit größere technische Unterstützung brauchen als auf der ISS. Worauf wird es dann ankommen?

Die Mars-Pioniere werden viel autonomer sein müssen. Für die ISS gibt es Tausende Spezialisten am Boden, die bei einem Problem per Funk-Datenverbindung aushelfen können. Bei einer Reise zum Mars aber ist der Funkweg zu lang. Das Licht – und somit auch eine Funkwelle – braucht im Extremfall 20 Minuten vom Mars bis zur Erde, und die Datenübertragungsrate ist sehr limitiert. Man benötigt also Computer an Bord, die das System überwachen und seine Entwicklung voraussagen können – indem sie zum Beispiel erkennen, dass eine wichtige Heizspule oder ein Kühlsystem nicht bis zum Ende des Fluges durchhalten wird.

Die Crew wird auf Ratschläge eines Bordcomputers vertrauen müssen, der die Technik des Raumschiffs besser kennt als sie selbst und bei Problemen schnell Lösungsoptionen anbieten kann. Aber so eine „Künstliche Intelligenz" darf man sich nicht als so mächtig vorstellen, dass die Astronauten dann darum betteln müssen, dass der Computer die Luftschleuse aufmacht wie in dem Filmklassiker „2001: Odyssee im Weltraum". Das ist Science-Fiction.

Es geht um Maschinen, die sehr schnell rechnen, selbstständig lernen und in einem eng definierten Bereich selbst entscheiden können – zum Beispiel über den Zeitpunkt, zu dem die Heizspule ausgetauscht werden muss. Die wirklich wichtigen Entscheidungen einer Mission müssen immer die Menschen treffen.

Den Prototyp eines „intelligenten" technischen Assistenten habt ihr im Lauf der „Horizons"-Mission auf der ISS bereits testen können: den schwebenden, kugelförmigen Roboter „Cimon". Wie hat er sich geschlagen?

Bei diesem ersten Test ging es hauptsächlich darum, ob Cimon sich in der Schwerelosigkeit orientieren und auf meine Kommandos hin unfallfrei durch die Raumstation manövrieren kann. Das ist eine große Herausforderung, weil es Dutzende kleine Hindernisse und tückische Luftströme gibt. Aber er hat alle Bewegungsaufgaben gut erfüllt.

Das war wirklich eindrucksvoll, und es ist eine sehr gute Voraussetzung für die weitere Entwicklung des Projekts. Ich bin gespannt. Und dass sein Namensgeber der Professor Simon aus „Captain Future" – der Lieblingsserie meiner Kindheit – war, hat ihm bei mir natürlich auch Sympathiepunkte eingebracht.

Roboter wie Cimon sollen euch bei technischen Prozeduren beraten, in Zukunft aber vielleicht an Stimme und Mimik auch eure Laune erkennen und helfen, Spannungen abzubauen: Braucht man das wirklich: einen Droiden-Kumpel für Fernreisen in den Kosmos?

NACHWUCHS DES LEBENS: Korallenriffe, wie hier am Great Barrier Reef Australiens, nehmen nur einen winzigen Teil der Ozeanfläche ein. Ihre Artenvielfalt jedoch ist ebenso überwältigend wie geheimnisvoll: Sie stützt das Leben im Meer, und damit – auf Wegen, die wir mit unserer bisherigen Technik noch kaum überblicken können – auch das unsere

„Über den größten Teil unserer Erde, den Ozean, wissen wir noch fast nichts. Dabei hängt unser Leben von SEINEM WOHLERGEHEN *ab.“*

SYLVIA EARLE (GEB. 1935), OZEANOGRAFIN UND MEERESSCHÜTZERIN

Bitte nicht! Der würde mich sehr schnell nerven.

Man muss differenzieren: Die Idee eines kleinen, technischen Assistenten, der uns sprachgesteuert mit Informationen versorgen kann, finde ich gut: Bei einer Reparatur könnte Cimon zum Beispiel die Schaltkreise auf dem Display darstellen oder mit einem Laserpointer die Schrauben anzeigen, die wir rausdrehen sollen.

Aber dass Cimon an meinem Gesichtsausdruck merkt, dass mich irgendwas ärgert, und mir zur Aufmunterung einen Witz erzählt, geht in die falsche Richtung! Das hat man auch schon bei unserem Test gesehen: Da hat Cimon einen Befehl von mir schlecht verstanden, weil ich parallel mit der Bodenkontrolle kommunizieren musste. Er hat mir dann vorgeworfen, ich sei schlecht gelaunt, und damit eher für unfreiwillige Komik gesorgt.

Einen menschlichen Kumpel an Bord kann ein Roboter nie ersetzen. Das funktioniert nicht – und zwar aus demselben Grund, weshalb wir nicht bloß Roboter für die Erkundung des Weltalls einsetzen können: Wir definieren uns als Menschen über den Austausch mit anderen Menschen. Wir wollen unsere Erlebnisse und Emotionen mit Freunden teilen, nicht mit Maschinen. Deshalb sollte man das auch gar nicht erst versuchen.

Ansonsten drohen wir außerdem, eine Grenze zu überschreiten: Astronauten dürfen nicht „gläsern“ sein, ohne Privatsphäre. Auch wir brauchen hin und wieder die Chance, uns zurückzuziehen, alle Mikrofone und Kameras auszuschalten. Sonst können wir nicht entspannt arbeiten, und man würde damit den Erfolg der Mission gefährden.

Man muss sich nur einmal vorstellen: Hier auf der Erde würden unsere Mobiltelefone jedes gesprochene Wort automatisch analysieren, nach Indizien für schlechte Laune fahnden, dazu eine SMS an die Eltern oder den Lebenspartner versenden – und dann noch probieren, uns automatisch aufzumuntern, indem der Sprachassistent ungefragt einen Witz erzählt. Das würde wohl die meisten von uns zur Weißglut treiben.

Es mag vielleicht Menschen geben, die fänden das toll – so wie manche sich in Computer verlieben. Aber die Frage ist: Wollen wir solche Menschen tatsächlich ins All schicken?

Ich denke, die Raumfahrtagenturen haben ganz gute Kriterien für die Auswahl der Astronautinnen und Astronauten. Klar ist: Wir müssen die Grenzen abstecken, in denen die Technik uns nützen kann. Innerhalb dieses Rahmens wird sie dann unentbehrlich sein. Aber wir müssen auch schützen, was uns zu Menschen macht.

SIEDLER AM MEERESBODEN? Derzeit ist die Aquarius-Station weltweit die einzige Basis für Wissenschaftler im Ozean: Für Expeditionen in größeren Tiefen werden meist Roboter eingesetzt. Einen persönlichen Eindruck ersetze dies aber nicht, meinen Meeresforscher

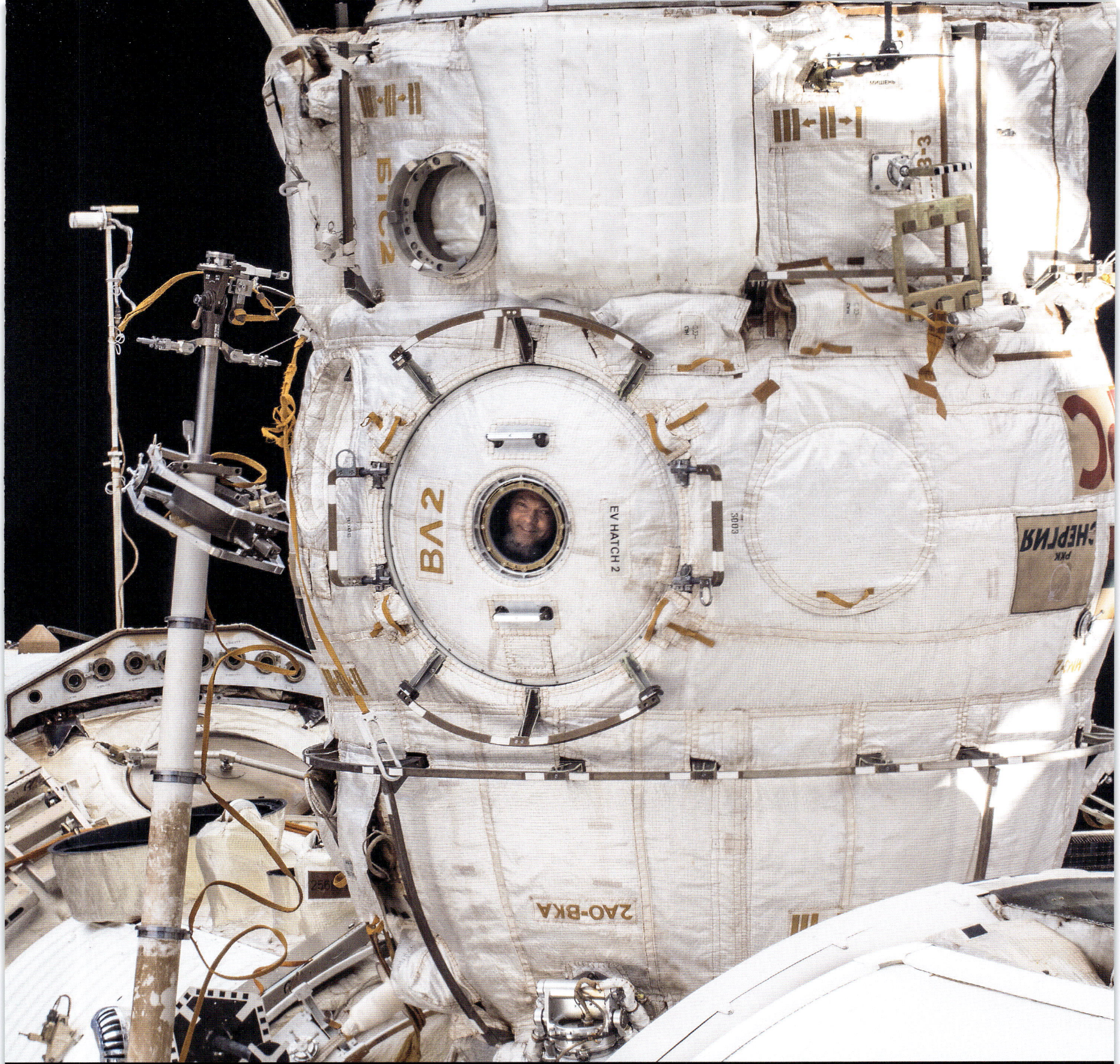

WEITBLICK: Von einem Fenster des russischen ISS-Segments genießt der Kosmonaut Oleg Kononenko 2018 den Blick in den Kosmos. Für alle Raumfahrtnationen steht außer Frage: Auch in Zukunft sollen robotische und astronautische Missionen sich gegenseitig ergänzen

DIE GOLDENEN ADERN DES AMAZONAS locken 1542 erste Konquistadoren ins Innere Südamerikas: Die Spanier suchen das sagenumwobene „El Dorado“ – und ziehen Generationen von Abenteurern und Forschern nach sich, aber auch Siedler und Holzfäller, die den Regenwald plündern

ÜBER DAS LEBEN MIT ENG BEGRENZTEN RESSOURCEN

BESSER HAUSHALTEN

DIE MEERE DER ERDE sehen aus dem All beinahe unberührt aus. Doch wir belasten sie schwer: mit Dünger und Pestiziden, Plastikmüll und Treibhausgasen, die das Ozeanwasser erwärmen und immer saurer machen. Mehr als die Hälfte aller Korallenriffe haben wir so mittlerweile zerstört oder stark geschädigt, viele Fischbestände schon ausgebeutet

„Wir leben auf einer Steinkugel, die
wie ein Raumschiff um die Sonne kreist.
WIR ALLE sind Astronauten.“
ALEXANDER GERST

AUSGEBRANNT: Während Gerst 2018 für seine zweite Mission auf der ISS ist, wütet in Deutschland der heißeste Sommer seit mehr als 100 Jahren. Geschockt sieht der Raumfahrer aus dem All: „Alles vertrocknet und braun, was eigentlich grün sein sollte!". Auch seinen Heimatkreis Hohenlohe trifft die Dürre verheerend (unten) – wie der Vergleich mit dem Anblick von 2014 belegt (oben)

SCHON 2014, im Rahmen der „Blue Dot"-Mission, hatte Gerst von der ISS aus erschrocken beobachtet, wie sich Holzfällerstraßen und Rinderweiden ins Amazonas-Gebiet hineinfressen. 2018 haben die Trassen die grüne Lunge der Erde noch tiefer zerfurcht. Seit 1970 ist mehr als ein Fünftel des Regenwaldes hier verloren gegangen – eine Fläche knapp ebenso groß wie Deutschland, Österreich, Italien und die Schweiz zusammen

ROTLICHT-MILIEU: In einem speziellen Gewächshaus erforscht die Besatzung der ISS, wie Pflanzen ihr Wurzelwachstum an die Schwerelosigkeit anpassen. Die Erkenntnisse könnten helfen, „Gemüsegärten" für Langzeitmissionen im All einzurichten – und auf der Erde widerstandsfähige Nutzpflanzen zu züchten. Diese könnten schneller an Grundwasser kommen und so die Hitzewellen ertragen, die mit dem Klimawandel in Zukunft zunehmen werden

„*Wir haben* KEINEN PLANETEN B.“

ALEXANDER GERST

Wüstendurchquerer, Höhlenforscher und Astronauten der ISS merken schnell: Aus ist aus. Nur wer nachhaltig denkt, kann langfristig überleben – auch auf dem Raumschiff Erde

Man kann die Raumstation ISS als eine Miniaturausgabe der Erde betrachten: als einen kleinen Planeten, bewohnt von sechs, manchmal sogar nur von drei Menschen. Die Sonne versorgt euch mit Energie, und eine eigene „Atmosphäre“ schirmt euch vom luftleeren Raum ab, während ihr durch das All treibt.

Ihr habt an Bord alles, was ihr zum Überleben benötigt: Sauerstoff, Wasser, Nahrung. Doch die Vorräte sind begrenzt – genau wie vieles hier auf der Erde. Ihr müsst gut haushalten. Wie fühlt sich diese Abhängigkeit an?

Sie ist extrem lehrreich. Denn in der Tat haben wir auf der ISS ja das gleiche Thema wie auf dem „Raumschiff Erde“: Unsere Ressourcen sind endlich. Aber der Unterschied ist: Im Verhältnis zu unserem Heimatplaneten ist alles an Bord viel kleiner, und deshalb bekommen wir die Grenzen unserer Ressourcen viel stärker zu spüren!

Der Zeitraum, für den sie reichen, ist so kurz, dass er innerhalb unserer menschlichen Wahrnehmungsspanne liegt – im Rahmen von Tagen, Wochen, Monaten. Das bedeutet: Wir merken genau, wie wir unsere Vorräte aufbrauchen! Wir sind gezwungen, uns darüber Gedanken zu machen, wann und wie wir sie wieder auffüllen oder wie man noch sparsamer damit umgehen könnte.

Als Serena, Sergey und ich während der zweiten Mission zum Beispiel nach dem Zwischenfall beim Start der Nachfolgecrew nicht mehr wussten, wann wir zur Erde zurückfliegen können, habe ich in meiner Funktion als Commander bei der Bodenkontrolle den Status unserer „On-Board“-Ressourcen angefragt – also, wie lange wir uns da oben eigenständig versorgen könnten: Das Essen hätte noch für ein halbes bis dreiviertel Jahr gereicht, unser Sauerstoff ebenfalls. Das war genug für uns. Aber ein Ende war dennoch absehbar.

Da wird einem klar, warum es uns auf der Erde so schwerfällt, mit unseren Ressourcen sparsam und nachhaltig umzugehen: Unser Planet ist so groß, dass die Vorräte relativ langsam schwinden und wir den Zusammenhang zwischen dieser Entwicklung und unserem

THOR HEYERDAHL

Die Fahrt der „Kon-Tiki"

Wie kamen Menschen ins Inselreich Polynesiens – Tausende Kilometer von allen Kontinenten entfernt? Der norwegische Naturkundler Thor Heyerdahl will 1947 beweisen, dass Ureinwohnern aus Südamerika einst dieses Kunststück gelang: Nach archäologischen Vorlagen baut er mit Freunden ein Floß aus Balsaholz, die „Kon-Tiki". 1041 Liter Quellwasser laden die Männer ein, Süßkartoffeln, Bananen, 400 Kokosnüsse. Heyerdahl weiß: Auf ihrer Reise werden sie völlig auf sich allein gestellt sein. Sie angeln Thunfische, sammeln Regenwasser und wettern Stürme ab. Erst unterwegs lernen sie, mit den Steckschwertern ihres Floßes zu navigieren. Aber nach 101 Tagen und 7010 Kilometern gelangt die „Kon-Tiki" tatsächlich an eine Küste: auf ein Atoll Polynesiens.
Genetische Studien legen später zwar nahe, dass die Inseln zuerst von Ostasien aus besiedelt wurden. Aber durch seinen Mut, den antiken Ressourcen zu trauen und sich damit ins Unbekannte hinauszuwagen, begründet Heyerdahl eine neue Wissenschaftsdisziplin: die experimentelle Archäologie.

eigenen Handeln deshalb nicht überblicken. Die Folgen liegen zu weit in der Zukunft, und wir haben uns angewöhnt, uns im Alltag vor allem auf die dringendsten Dinge zu konzentrieren. Viele Umweltzerstörungen werden uns selbst aber gar nicht besonders treffen, sondern vor allem die nächste oder die übernächste Generation. Oder erst einmal Menschen in anderen, fernen Ländern.

Wir denken zu kurz. Das führen uns Situationen wie auf der ISS, in denen sich alle Dimensionen verkleinern, deutlich vor Augen. Das kennst du sicher auch von deinen Expeditionen, oder?

Ja, dasselbe Gefühl habe ich auch schon auf vielen Expeditionen hier auf der Erde erlebt – in der Höhlenforschung zum Beispiel: Wenn wir in Höhlen gehen, die so groß sind, dass du mehrere Tage unter der Erde verbringen musst, und dabei um jedes Gramm deiner Ausrüstung feilschst, weil du alles hinein- und auch wieder heraustragen musst, dann merkst du sofort, wie kostbar viele der Dinge sind, die im Alltag grenzenlos zur Verfügung zu stehen scheinen: Trinkwasser. Essen. Licht.

Ja tatsächlich, Höhlen-Expeditionen zeigen das gut. Aus genau diesem Grund gibt es bei der ESA auch das Trainingsprogramm „CAVES", an dem ich nach meiner Rückkehr von der „Horizons"-Mission teilgenommen habe: Wir sollten als Team aus sechs Astronauten ein unterirdisches Labyrinth in Slowenien erkunden, vermessen und wissenschaftlich untersuchen. Eine sehr gute Übung, um als Gruppe in einer schwierigen, ungewohnten Umgebung zurechtzukommen – auch für zukünftige Missionen zum Mond und zum Mars.

Wie ist das auf der Raumstation – mit welchen Ressourcen müsst ihr besonders sparsam umgehen?

Für lebenswichtige Dinge wie Essen und Atemluft haben wir eine relativ große Sicherheitsmarge. Am klarsten treten die Grenzen

„Im Kampf gegen die Natur kann der Mensch
JEDE SCHLACHT GEWINNEN –
außer der letzten. Er würde umkommen wie ein Embryo, der seine Nabelschnur kappt.“

THOR HEYERDAHL (1914–2002), ARCHÄOLOGE UND ANTHROPOLOGE

unserer Vorräte daher bei Ressourcen auf, die nicht absolut kritisch sind: Bei der ersten Mission zum Beispiel sind uns die trockenen Papiertücher ausgegangen. Das war zum Glück nicht so schlimm. Für den Rest der Mission haben wir jeden Klecks dann mit Feuchttüchern aufgewischt. Aber du merkst: Aus ist aus.

Was ist mit dem Wasser? Das muss im Weltraum doch wahnsinnig kostbar sein.

Nein, Wasser ist eigentlich unser kleinstes Problem. Und zwar aus einem einfachen Grund: Wir können es auf der Raumstation zu gut 90 Prozent recyceln! Der Kreislauf ist fast geschlossen.

Was wir ausatmen oder schwitzend an die Umgebungsluft abgeben, bereiten die Klimaanlagen als Kondensat wieder auf, dann wird es gefiltert und sterilisiert: Das ist so effektiv, dass es sich sogar lohnt, Essensreste nicht einfach wegzuschmeißen, sondern erst austrocknen zu lassen. Die Feuchtigkeit, die verdunstet, kann aus der Luft abgesaugt und wiederverwendet werden. Auch aus unserem Urin gewinnt die Toilettenanlage das meiste Wasser technisch zurück.

Deshalb müssen wir Astronauten hier ausnahmsweise nicht sehr vorsichtig sein: Zum Waschen zum Beispiel kannst du so viel Wasser verwenden, wie es dir Spaß macht! Energie, um es zu recyceln, haben wir durch die Sonnensegel genug.

Das zeigt eigentlich gut, welche Freiheit man durch eine Kreislaufwirtschaft gewinnen kann: Ressourcen, die wir komplett recyceln, stehen nahezu endlos für uns bereit. Letztlich lernen wir damit ja von der Natur. Auch die Erde verliert – abgesehen von ein paar kleinen Verlusten am äußeren Atmosphärenrand – als Gesamtsystem fast kein Wasser, keine Nährstoffe, keinen Sauerstoff. Versucht ihr euch bei der Entwicklung von künstlichen Lebenserhaltungssystemen an diesem Vorbild zu orientieren?

Ja, das tun wir. Zum Beispiel für die Zusammensetzung der Atmosphäre an Bord. Mit Sauerstoff kommen wir auf der ISS an sich ganz gut aus: Jede Astronautin und jeder Astronaut braucht am Tag rund ein Kilogramm davon zum Atmen. Dafür haben wir Vorräte. Außerdem spalten wir Wasser auf und gewinnen so Sauerstoff, den wir der Atemluft zuführen können. Und auch aus ausgeatmetem CO_2, also Kohlendioxid, lässt sich Sauerstoff technisch zurückgewinnen. Wir drohen nicht sofort zu ersticken – im Gegenteil: Damit der Sauerstoff sich in der Atmosphäre der ISS nicht so weit anreichert, dass schon kleinste Funken gefährliche Feuer entfachen könnten, müssen wir Stickstoff beimischen. Wir ahmen da oben also die Atemluft auf der Erde nach. Das ist gar nicht so einfach.

Ein größeres Problem aber ist, unseren Kohlendioxid-Level unter Kontrolle zu halten: Das Lebenserhaltungssystem filtert das CO_2, das wir ausatmen, andauernd so gut wie möglich aus unserer künstlichen Atmosphäre heraus. Der CO_2-Gehalt in der Atemluft ist dabei aus technischen Gründen aber immer noch ein wenig höher als auf der Erde. Einige Astronauten haben daher mit Kopfschmerzen zu kämpfen. Und es gibt Hinweise darauf, dass dadurch auch Augenprobleme entstehen können. Das sind wichtige Erkenntnisse für zukünftige Weltraummissionen.

Wenn wir alle Systeme ausschalten würden, kämen wir als Erstes nicht etwa durch Sauerstoffmangel um, sondern durch eine Vergiftung mit Kohlendioxid. Das wäre kein schöner Tod. Die Situation zeigt also, wie existenziell abhängig wir Menschen von unseren Umweltbedingungen sind. Und interessanterweise spielt CO_2 sowohl auf der Raumstation als auch auf der Erde dabei eine wichtige Rolle.

Auf der Erde helfen uns Meeresalgen, Wälder und Graslandschaften, Teile des Kohlendioxids aus der Atmosphäre zu absorbieren. Könntet ihr nicht auf der ISS einen „schwebenden Garten“

„Die kommenden Generationen werden DEN MÜLL ENTDECKEN, *den wir in allen Winkeln der Welt hinterlassen, und sich fragen: Was haben die Menschen damals nur gemacht?"*

ANTJE BOETIUS (GEB. 1967), TIEFSEEFORSCHERIN

anlegen, der diese Aufgabe übernimmt – und gleichzeitig eure Essensvorräte auffrischt?

Bei meinen Expeditionen in der Antarktis, in Höhlen oder im Hochgebirge haben wir uns nach frischem Obst und Gemüse immer besonders gesehnt – zumal schon der Anblick von frischem Grün auch die Psyche stabilisieren soll.

Ja, das kenne ich. Von Salat habe ich in der Antarktis auch oft geträumt.

Tatsächlich wird auf der ISS nun ein „Photobioreaktor" getestet, der mithilfe von Algen die Aufbereitung der Atemluft weiter verbessern und irgendwann sogar auch den Nahrungsvorrat ergänzen soll. Außerdem haben wir auf meinen Missionen Salate im All gepflanzt – aber nur testweise, auf einer Platte von gerade 50 mal 50 Zentimeter Größe. Der Römersalat hat auch ganz gut geschmeckt, nicht so bitter wie etwa der russische Kohl. Aber es gab nur ganz wenige Blätter.

Um mit frischem Gemüse die Vorräte einer Weltraummission zu ergänzen und die Motivation in der Crew zu stärken, bräuchte man mehr davon. Für Langzeitmissionen zum Mond und zum Mars wird ein Gewächshaus für frisches Gemüse, oder zumindest für ein paar frische Kräuter, ein wertvoller Beitrag sein.

Das große Ziel in der Raumfahrt ist es, mit unseren Lebenserhaltungssystemen nahezu komplett geschlossene Kreisläufe zu erschaffen – eine künstliche Biosphäre. Aber ganz ehrlich: Davon ist man noch meilenweit entfernt. Mit Wasser und Sauerstoff können wir vielleicht klarkommen. Aber den Kohlenstoff-Zyklus zu schließen, der ja unsere Nahrung mit einschließt, ist unglaublich schwierig.

Das zeigt eine einfache Rechnung: Jeder Mensch atmet pro Tag mehrere Kilogramm CO_2 aus, eine Raumschiffbesatzung also ein Vielfaches mehr. Um den darin enthaltenen Kohlenstoff durch Pflanzen zu binden, müssten diese also pro Tag durch ihr Wachstum mehrere Kilogramm an Masse zunehmen. Auf dem engen Platz eines Raumschiffes ist das unrealistisch. Das Problem hat man schon in der „Biosphere 2" gesehen …

… dem größten und spektakulärsten Isolationsversuch, den Menschen bislang unternommen haben. In der Wüste von Arizona erschufen Forscher dafür Anfang der 1990er-Jahre ein riesiges Glashaus, in dem sie Regenwälder und Sümpfe, Savannen und Ackerland nachahmten, sogar einen Ozean mit Korallenriff – und dann gemeinsam mit 3800 Tier- und Pflanzenarten zwei Mannschaften von je acht „Bionauten" dort einschlossen.

Abgeschottet von außen, sollten sich die Probanden jeweils über zwei Jahre in diesem „autarken" System behaupten. Aber die Ernten fielen zu mager aus, Kakerlaken und Ameisen vermehrten sich explosionsartig. Und der CO_2-Gehalt in der Luft stieg stark an, der Sauerstoff-Level hingegen sank – weil der natürliche Kreislauf im Inneren des Glashauses außer Kontrolle geraten war.

LICHTVERSCHMUTZUNG: Um Kalmare aus Hunderten Meter Tiefe an die Oberfläche zu locken, setzen Hochseefischer extrem starke Scheinwerfer ein. Sie gehören zu den hellsten Lichtern unseres Planeten. Einige Flotten strahlen wie schwimmende Städte bis weit in den Weltraum hinaus

Man kann daran gut erkennen, wie schwierig es ist, aus menschlichen – oder in diesem Fall ja auch tierischen – Hinterlassenschaften als Dünger neue, abwechslungsreiche Nahrung zu zaubern. Auf der Erde funktioniert das, weil der Kreislauf groß genug ist. Aber dass Astronauten sich auf einer Langzeitmission im All ausschließlich von einfach zu kultivierenden Dingen wie Algen ernähren und trotzdem noch motiviert bleiben, das kann ich mir nicht so recht vorstellen.

Mit der Idee, die Natur zu kopieren und sich dadurch von ihr zu entkoppeln, ist die „Biosphere 2“ grandios gescheitert. Und genau deshalb ist sie ein Lehrstück für unseren Umgang mit dem Planeten geworden: Denn die eingeschlossenen Bionauten erlebten mit ihrem anschwellenden Kohlendioxidwert eine Art „Klimawandel im Zeitraffer“.

Das System kollabierte daran. Für die Forschung aber ist das Glashaus ein Glücksfall, ein tolles Modell – bis heute: In seinem künstlichen Ozean haben Wissenschaftler zum Beispiel zum ersten Mal nachweisen können, wie ein höherer CO_2-Gehalt in der Luft das Meerwasser übersäuert – inzwischen eines der größten globalen Umweltprobleme.

Ich finde, die beste Erkenntnis aus der „Biosphere 2“ ist letztlich, wie komplex, rätselhaft und fantastisch die „Biosphere 1“ ist – unser Heimatplanet, die Erde! Selbst mit immensem technischen Aufwand gelingt uns nicht, was sie tagtäglich leistet: das Netz des Lebens, in das auch wir Menschen verwoben sind, in einer stabilen Balance zu halten.

Vielleicht hilft uns ja die Erfahrung aus dem Biosphären-Versuch, diese Leistungen der Natur mehr zu achten.

Ja, das stimmt. Auch auf der ISS denken wir Astronauten das oft: Nur mit sehr großem Aufwand können wir im All überleben. Es gelingt uns bisher nur, weil wir unsere Vorräte immer wieder mithilfe von Raumfrachtern nachfüllen können. Das gibt einem zu denken da oben.

Auf dem Mars werden Astronauten im Wesentlichen mit den Ressourcen auskommen müssen, die sie dabeihaben – oder am Ziel neu erschließen können.

BEGRENZT AUTARK: Nur zu Beginn des Experiments können die Bionauten sich frei an Bananenstauden erfreuen. Später werden geerntete Früchte in einem Vorratsraum eingeschlossen, so groß wird der Hunger

„*Wenn es uns gelingt,* GESCHLOSSENE KREISLÄUFE *zu erschaffen und die Dinge wirklich zu nutzen, statt sie zu verbrauchen – dann haben wir eine Zukunft!*“

ELLEN MACARTHUR (GEB. 1976), WELTUMSEGLERIN

„BIOSPHERE 2“

Der Traum einer zweiten Erde

Große Hoffnungen lasten auf den acht Freiwilligen, die 1991 in Arizona in eine neue Welt aufbrechen: Zwei Jahre lang wollen sie abgeschottet in der „Biosphere 2“ leben – einem riesigen Glashaus, in dem Wissenschaftler die großen Ökosysteme der Erde nachgebaut haben, vom Regenwald bis zum Miniaturozean. Das Experiment soll beweisen, dass unsere lebensbewahrende Umwelt in einem kleinen, autarken Modell kopiert werden könnte – für Siedlungen auf dem Mars etwa. Doch die Stoffkreisläufe geraten außer Kontrolle; Nahrung und Sauerstoff werden knapp, die „Bionauten“ zerstreiten sich. Ein zweiter Versuch 1994 wird nach sechs Monaten abgebrochen.

Die Autonomie ist misslungen. Für Ökologen aber erweist sich die „Biosphere 2“ dennoch als nützlich: Bis heute können sie hier etwa simulieren, wie Regenwald-Bäume auf höhere Temperaturen und CO_2-Level reagieren. Das Glashaus, als „Arche Noah“ geplant, ist zu einem Labor für die Zukunft geworden – einzigartig wie die Raumstation ISS.

Zukünftige Langzeitmissionen im Weltall werden auf solche geschlossenen Rohstoffkreisläufe angewiesen sein – und auf die notwendigen Technologien dafür.

DIE ERDE AUF 16 000 QUADRATMETERN:
Die „Biosphere 2“-Anlage in Arizona wird bis heute für ökologische Forschungsstudien genutzt

SCHMELZENDE EISARME Aus den Neuseeländischen Alpen schlängeln sich Gletscher bis auf rund 300 Meter über dem Meeresspiegel hinab. Infolge von starken Niederschlägen waren viele von ihnen zwischen 2004 und 2008 – entgegen dem globalen Trend – noch gewachsen. Seither aber schrumpfen sie umso schneller

EINE BLUTROTE FRACHT färbt das Delta des Betsiboka-Flusses auf Madagaskar: Weil die Wälder am Ufer durch Brandrodung über Jahre zerstört und in eine Savanne verwandelt wurden, reißt das Wasser enorme Mengen an mineralhaltigen Sedimenten mit

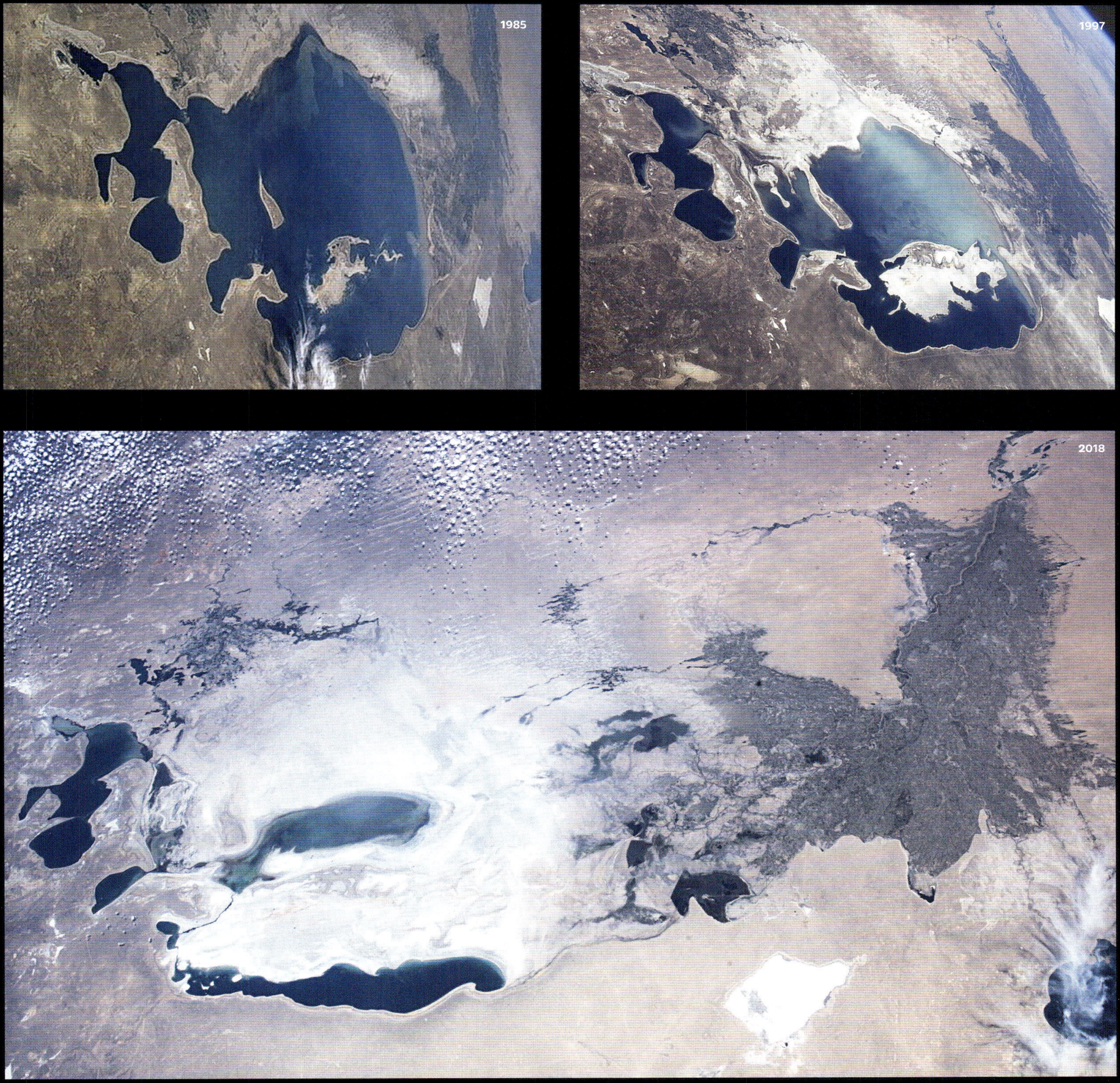

MIT EINER WASSERFLÄCHE beinahe so groß wie Bayern war der Aralsee früher der viertgrößte See der Erde. Für Baumwollplantagen in Kasachstan und Usbekistan aber wurde von seinen Zuflüssen so viel abgezweigt, dass rund 80 Prozent seines Wassers verloren gegangen sind. Die winzigen, noch verbliebenen blauen Flächen sind übersalzen und stark mit Umweltgiften belastet. Dazwischen breitet sich eine neue, vom Menschen gemachte Wüste aus, die als „Aralkum" bezeichnet wird

„Dem Universum ist es egal, ob wir überleben. Selbst unseren eigenen Planeten können wir nicht zerstören – schnell aber UNSERE EXISTENZGRUNDLAGE *auf ihm."*

ALEXANDER GERST

Für Forschungsstationen kann das gelingen. Dass wir jedoch als Menschheit einfach auf einen anderen Planeten auswandern, ist für mich keine Option: Das ist in den nächsten Jahrhunderten nicht realistisch – und auch nicht erstrebenswert, wenn es von einer Art „Heuschreckenmentalität" getrieben wird.

Vielleicht wird es für den langfristigen Fortbestand der Menschheit irgendwann notwendig sein, andere Planeten zu besiedeln – also eine multiplanetare Spezies zu werden. Aber an unserer Priorität, die Erde zu schützen, darf das nichts ändern. Wir kennen nur diese eine Heimat im Universum, wir haben keinen Planeten B. Das sollte eigentlich die Entscheidung, sie wie unseren Augapfel zu schützen, relativ einfach machen.

Von der ISS aus könnt ihr die Grenzen unseres Planeten – und unseren Umgang mit ihm – gut erkennen. Gab es Veränderungen, die dir allein in den knapp vier Jahren zwischen deiner ersten und deiner zweiten Mission besonders deutlich ins Auge gesprungen sind?

Der menschliche Einfluss auf den Planeten ist omnipräsent, und manche Unterschiede waren tatsächlich mit bloßem Auge erkennbar: Die Felder in Deutschland zum Beispiel, unter anderem auch in meinem Heimatkreis Hohenlohe, waren vom trockenen Sommer 2018 stark mitgenommen, viele Seen auf der Nordhalbkugel hatten deutlich an Wasser verloren.

Ich habe massive Waldbrände in Kalifornien und Spanien gesehen. Fast ständig hingen Smogwolken über den großen Ballungszentren der Welt. Künstlich bewässerte Felder in der Sahara, für die man der Wüste seit meinem letzten Flug noch mehr Land abgerungen hat, fressen sich wie „Pac-Man" in die Landschaft. Der Amazonaswald ist noch kleiner, die Wüste dafür größer geworden. Man sieht abgestorbene, bleiche Korallenriffe. Und viele Gletscher sind zwischen meinen beiden Missionen noch weiter geschrumpft.

Das muss ein bitterer Anblick gewesen sein …

Ja, das waren schockierende Bilder. Aber ich finde: Zur Bewertung des Klimawandels sollten sie nicht entscheidend sein. Es genügt eben nicht, sich auf Sichtbares, auf Momentaufnahmen und Einzelereignisse, zu verlassen. Wir Menschen neigen dazu. Doch der Eindruck kann trügen.

Wir müssen lernen, der Wissenschaft zu vertrauen, den nüchternen Daten. Erdbeobachtungssatelliten wie das Copernicus-System der ESA helfen uns, unsere Wahrnehmung zu erweitern. Mit ihren elektronischen Augen erfassen sie die Veränderungen viel besser, als wir das selbst könnten.

Was wir als Astronauten aber sofort erkennen und auf die Erde zurückbringen können, ist die grundsätzliche Einsicht: Dass unsere Welt enge Grenzen hat, ist ein brutaler, physikalischer Fakt. Darüber lässt sich nicht diskutieren: Alles, was wir hier unten tun wollen, müssen wir nachhaltig tun. Sonst ist es nur eine Frage der Zeit, bis wir uns unsere eigene Existenzgrundlage entziehen.

Wenn man vom All aus auf den Planeten schaut, wirkt das so selbstverständlich, dass man nicht lange darüber nachdenken muss. Zum Beispiel erkennt man sofort, wie dringend wir unsere Energieversorgung umstellen müssen. Tagebau-Minen stechen wie Narben aus ihrer Umgebung heraus. Sie wirken groß, aber zeigen zugleich, dass wir auf der Suche nach fossilen Brennstoffen und anderen Rohstoffen nur an der Oberfläche unseres Planeten kratzen können. Mehr ist für uns nicht erreichbar, und irgendwann sind sie aufgebraucht.

Selbst das tiefste Loch, das man jemals gebohrt hat, war nur 12,3 Kilometer tief – das sind nicht einmal 0,2 Prozent vom Erdradius!

Kohle, Erdgas und Öl haben uns Menschen zwar sehr geholfen und uns in extrem kurzer Zeit in das heutige Hochtechnologie-Zeitalter katapultiert. Aber das war ein einmaliger Kredit unserer Erde – zulasten des CO_2-Gehalts in der Atmosphäre. Davon müssen wir wegkommen, und dafür brauchen wir Regeln, die für die Menschheit als Ganzes gelten – für sämtliche Astronauten des „Raumschiffs Erde".

Auf Expeditionen in Korallenriffen oder in Regenwäldern frage ich mich oft: Wie viel davon werden meine Töchter noch erforschen können? Und wie viel wird für die Generation nach ihnen, also für unsere Enkelkinder, erhalten bleiben?

Wir alle kennen unsere Verantwortung: Wir sind nur Gäste auf dem Planeten, deshalb ist es auch unsere Pflicht, uns darum zu bemühen, ihn an die nächste Generation vernünftig weiterzugeben.

Ja, das stimmt, und auch dafür ist die Raumstation eigentlich ein ganz gutes Modell. Auch dort sind wir nur zu Gast: Viele Teams waren vor uns da, viele werden noch folgen.

Ich habe mich immer geehrt gefühlt, daran teilhaben zu dürfen. Und deshalb denkt man natürlich auch: Die nächsten Crews sollen es genauso gut haben wie wir.

Ich werde manchmal gefragt, ob ich nicht irgendein Souvenir von der ISS mitgebracht hätte. Aber das wäre mir nie in den Sinn gekommen, dafür habe ich vor dieser grandiosen Erfindung zu großen Respekt. Ich wäre mir schäbig vorgekommen, wenn ich auch nur den kleinsten Teil davon eingesteckt hätte, denn jeder Teil von ihr hat eine Funktion.

Ich wollte unbedingt darauf achten, dass wir die ISS in mindestens ebenso gutem Zustand verlassen, wie wir sie vorgefunden haben. Sie ist ein einzigartiger Ort – genau wie die Erde. Und ich glaube, wenn wir uns alle genau das auch hier unten häufiger mal vor Augen führen, wäre schon viel gewonnen.

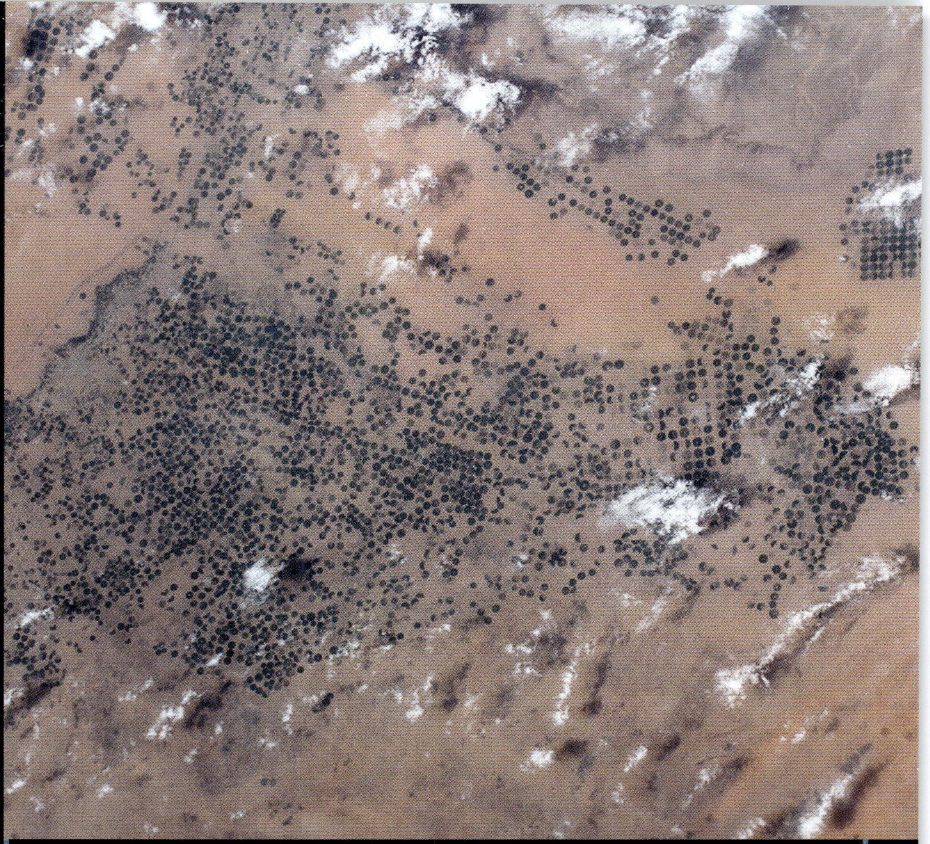

Sir Wilfred Thesiger

Leben in der Wüste

„Zeternder Durst" habe ihn stets begleitet, berichtet der britische Forscher und Autor Wilfred Thesiger (1910-2003), nachdem er von 1946 bis 1947 mit Beduinen die arabische Rub-al-Chali-Wüste durchquert hat. Doch auch eine „einzigartige Freiheit des Geistes" habe er unterwegs kennengelernt.
Auch die Sahara erkundet Thesiger (unten) mehrere Jahre lang, lebt eng mit Wüstenvölkern zusammen – und dokumentiert fasziniert ihre traditionelle Kunst, mit den kargen Bedingungen in den Sandmeeren auszukommen.
Es ist ein Wissen, das mittlerweile verloren geht: Künstlich bewässerte Felder breiten sich immer weiter in Afrikas Wüsten aus – wie Gerst aus der ISS gut beobachten kann (oben).

TESTFELD IM UNTERGRUND: Wie arbeitet man am besten zusammen, um eine unbekannte Umgebung zu untersuchen? Wie kommuniziert man? Und wie teilt man die Vorräte ein? In einem Höhlensystem Sloweniens übt Gerst mit fünf anderen Raumfahrern den Vorstoß zu neuen Welten

NOTRESERVEN: Gemeinsam mit ihren Trainern stellen die Probanden die Ausrüstung und Proviantreserven für ihre Expedition zusammen. Unverzichtbar: genügend Ersatzakkus für die Helmlampen. Im Höhlensystem muss das Team sich in völliger Dunkelheit abseilen: vom Grün des Lebens ins Schwarz der Tiefe, bis zu 800 Meter unter der Erdoberfläche

PALÄSTE IM UNTERGRUND: Bei ihrer Expedition in der Tiefe dringen die Forscher in riesige Galerien aus Tropfsteinen vor. Sie nehmen geologische Proben und sammeln Bakterienspuren. So sorgfältig ausgeleuchtet wie auf dem Foto sehen die Astronauten die Höhlen dabei jedoch nie. Für sie ist die Unterwelt schwarz, kalt und feucht

KÄLTE VON SECHS GRAD CELSIUS, feuchte Luft, leblose Stille: In einer unterirdischen Halle bauen die Astronauten ihr Lager auf. „Ein spannender Vorgeschmack auf die nahe Zukunft, in der Entdecker in Mond- und Marshöhlen Schutz vor kosmischer Strahlung und Temperaturschwankungen suchen werden“, sagt Gerst, als er glücklich zur Oberfläche zurückkehrt

WAS GEBEN WIR WEITER?

DER WERT DER RÜCKKEHR

LICHTER DER HEIMAT: Kurz vor dem Rückflug zur Erde 2018 beobachtet Gerst die Städte Europas bei Nacht. Wie eigene Galaxien leuchten sie in den Weltraum hinaus, im Norden zieht ein Polarlicht über den Himmel

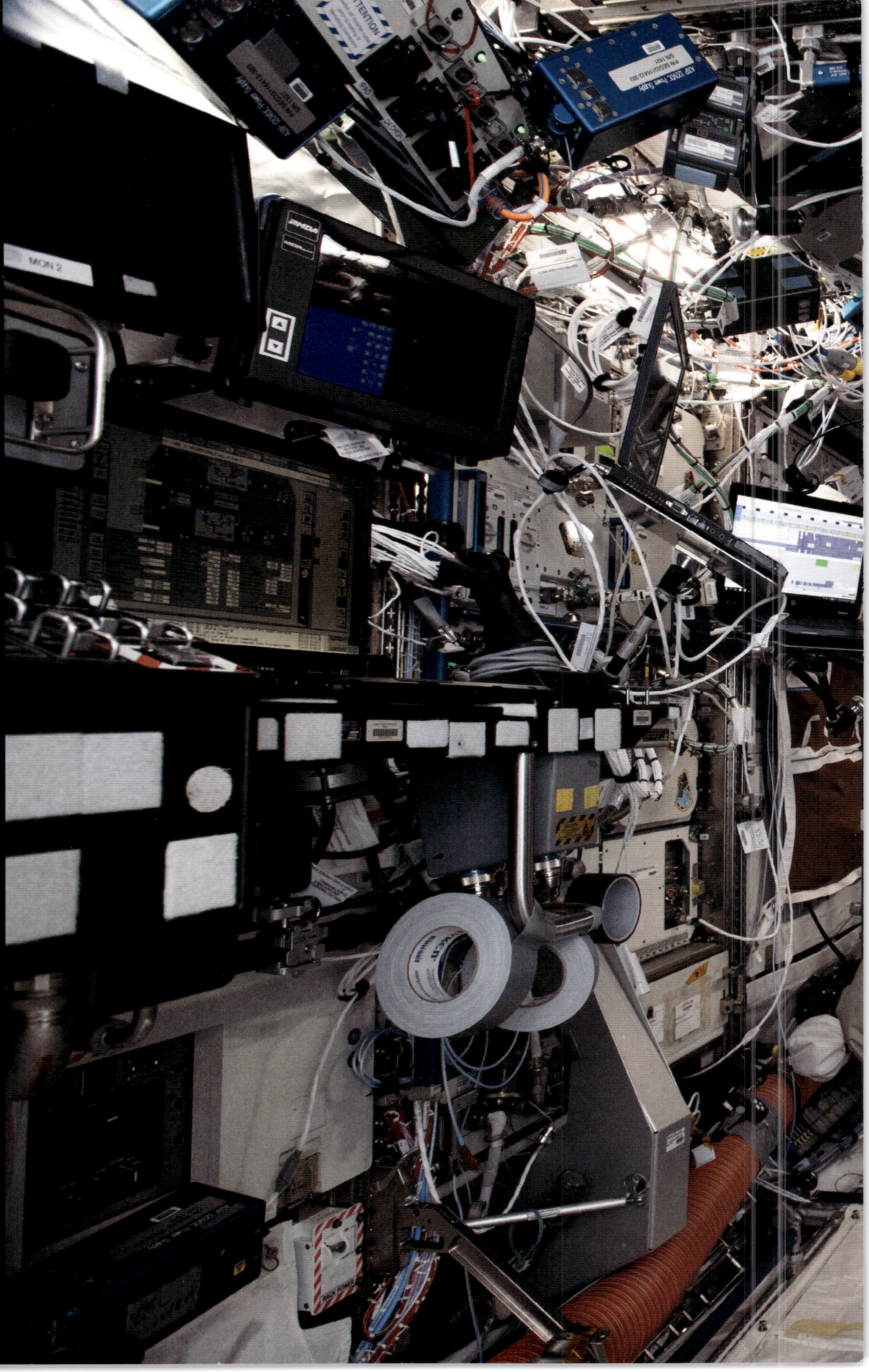

NOCH MAL DURCHPUTZEN, BITTE!
Jeden Samstag reinigen die Astronauten ihre Station – und als Kommandant übernimmt Gerst seinen Dienst mit besonderer Sorgfalt. „Dieser einzigartige Ort sollte immer im bestmöglichen Zustand der nächsten Crew übergeben werden“, sagt er. Nur so hat die ISS ihre Rolle als Außenposten der Menschheit seit über 20 Jahren treu wahrnehmen können

„Die Geschichte der Menschheit ist ein beständiges Streben aus der Dunkelheit zum Licht. Es hat deshalb gar keinen Zweck, über den Nutzen des Wissens zu diskutieren:
DER MENSCH WILL WISSEN;
wenn er das aufgibt, ist er kein Mensch mehr.“

FRIDTJOF NANSEN (1861–1930), POLARFORSCHER

WAS FÜR EIN FASZINIERENDER PLANET!, denkt Gerst immer wieder, wenn er aus der ISS-Kuppel Sonnenauf- oder -untergänge beobachtet. Mit Fotos und Nachrichten, die er direkt zur Erde schickt, versucht er die Menschen am Boden an seinen Ausblicken teilhaben zu lassen. Und für eine Kindersendung im Fernsehen begleiten ihn zwei Gehilfen: Die Maus war bereits 2014 im All dabei, für den Elefanten ist die „Horizons"-Mission eine Premiere

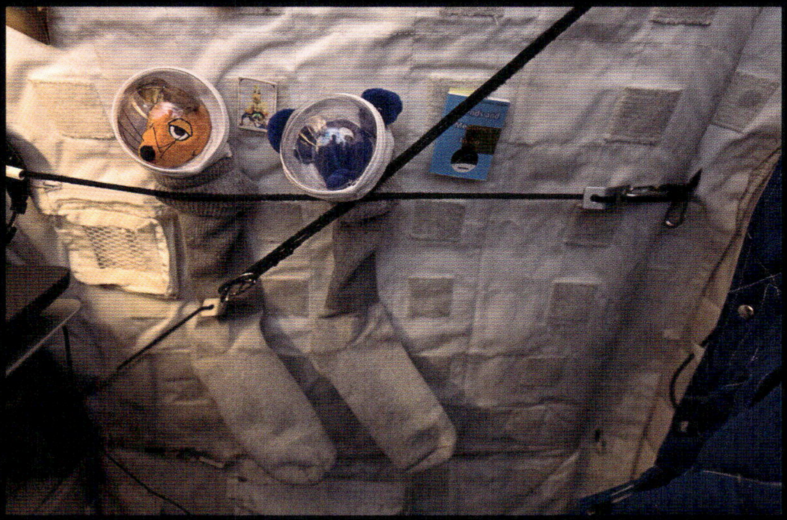

NEUE SEHNSUCHTSORTE: Die Inselwelt Südgeorgiens (links), in der Sir Ernest Shackleton einst Unterstützung für seine Antarktis-Crew fand, möchte Gerst schon seit Langem einmal bereisen. Auch der Gipfel des Kilimandscharo in Tansania steht auf der Liste an Traumzielen des Astronauten weit oben

VOM HIMMEL HOCH, DA KOMMT ER HER: Nach 197 Tagen, in denen sie 3061-mal um die Erde gekreist sind, kehren Gerst und seine Begleiter am 20. Dezember 2018 von der „Horizons"-Mission zurück – gerade rechtzeitig für das Weihnachtsfest im Kreis der Familie

Entdeckungen sind nur wertvoll, wenn wir das Erlebte auch teilen, die Faszination dafür weitergeben – und so den Horizont öffnen für Forscherinnen und Forscher der Zukunft: die Kinder

Alex, auf deinen beiden Missionen hast du direkt von der Raumstation aus viele Bilder und Nachrichten an die Erde geschickt. Warum war dir das wichtig?

Als Astronauten haben wir eine einzigartige Perspektive auf unsere Welt: Deshalb wollte ich zum einen den Menschen am Boden, die noch nicht dieses Privileg haben, zeigen, wie schön und besonders unsere Erde ist. Und zum anderen hat mir das selbst auch geholfen, die Fülle an Eindrücken zu verarbeiten – wie eine Art Überdruckventil!

Stell dir vor, du dürftest die spannendste Expedition begleiten, von der du jemals geträumt hast, aber kein Wort darüber verlieren, zu niemandem. Das würde einen doch wahnsinnig machen!

Ja, das wäre echt grausam.

Früher habe ich auch auf Urlaubsreisen oft Landschaften fotografiert, das mache ich heute kaum noch. Die meisten Orte sind schließlich bereits in Tausenden tollen Fotos dokumentiert, deren Qualität ich nicht übertreffen kann. Aber wenn ich etwas sehe, von dem ich weiß, das ist etwas Besonderes, etwas Neues, dann habe ich auch das Bedürfnis, diese Beobachtung festzuhalten, sie möglichst gut zu beschreiben – und auch zu teilen.

SICHERE LANDUNG: Nach einem Rückflug von dreieinhalb Stunden schlägt die Soyuz-Kapsel – von einem Fallschirm und Landeraketen gebremst – in Kasachstans Steppe auf. Das Rettungsteam wartet bereits

Manchmal musste ich mich in der Kuppel der Raumstation sogar regelrecht zwingen, nicht zur Kamera zu greifen, sondern einfach nur die Aussicht eine Weile lang auf mich wirken zu lassen. Aber, um ehrlich zu sein: Funktioniert hat das selten. Und damit in den Abertausenden Fotos, die ich in den Monaten der beiden Missionen gemacht habe, nicht zu viel Interessantes verloren geht, habe ich einige Bilder immer sofort zum Boden an die ESA geschickt.

Der Meeresforscher und Dokumentarfilmer Jacques-Yves Cousteau hat einmal gesagt: „Wer die Chance hat, ein außergewöhnliches

VON SCHATZSUCHERN in Sachsen-Anhalt ausgegraben: Die bronzezeitliche „Himmelsscheibe von Nebra“ gilt als die früheste Karte der Gestirne. Sie ist womöglich mehr als 3700 Jahre alt

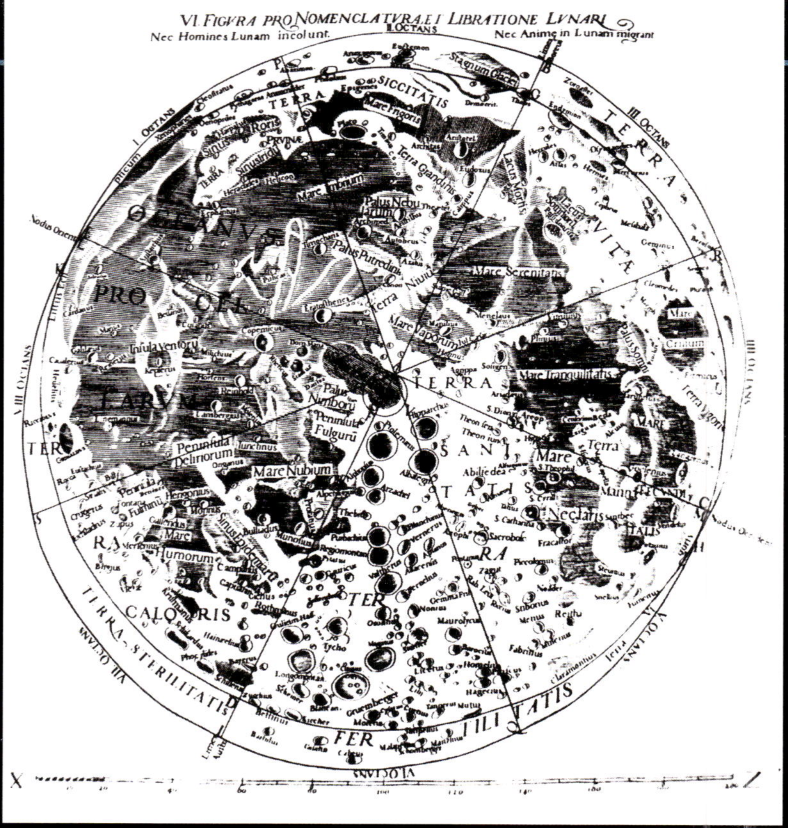

NOMENKLATUR: Der Jesuit Giambattista Riccioli (1598–1671) benennt die „Mondmeere“ nach volkstümlichen Überlieferungen, die Krater unter anderem nach Kirchenkritikern wie Galilei und Kopernikus

SPÄHER: Erst Fernrohre – wie diese Nachbildung des ersten Spiegelteleskops Isaac Newtons (1668) – bringen den Astronomen die Mondoberfläche nahe

Mond-Vorstellungen

Unser eigentümlicher Begleiter

Den Lauf des Mondes verfolgen Gelehrte in Babylonien, Indien, China, Ägypten und Europa schon vor Jahrtausenden. Maya und Azteken richten nach ihm Kalender und die Architektur vieler Tempel aus. Doch wie der Himmelskörper beschaffen ist, bleibt lange rätselhaft: als ein Feuerrad? Ein göttlicher Planet aus Äther? Oder ein Spiegelbild der Erde?

Erst die Entwicklung erster Teleskope im 17. Jahrhundert bringt Erkenntnis: Galileo Galilei und andere Astronomen entdecken Krater, Berge, Tiefebenen. Und schon keimt ein neuer Mythos auf: der vom Leben auf dem Mond.

„Seleniten“, die sich per Musik verständigen und weder Durst noch Hunger leiden, seien dort zu finden, sagen manche. Der Mathematiker Johannes Kepler stellt sich reptiliengleiche Geschöpfe vor, die in den „Meeren“ des Monds tagsüber vor Hitze Schutz suchten.

1959 entlarvt die russische Raumsonde Luna-3 die dunklen Flecken als längst erstarrte Meere aus Basalt. Eines davon erhält den treffenden Namen „Mare Desiderii“: das Meer der Wünsche.

DER FLUG ZUM MOND nach Vorstellung des Bischofs Francis Godwin (1562–1633): Mithilfe von „Engeln, Vögeln oder angeschnallten Flügeln“ sei der Trabant erreichbar

Leben zu führen, der ist auch verpflichtet, andere daran teilhaben zu lassen.“ Ich finde, das trifft für Entdecker absolut zu: Wenn sie ihre Einsichten und Erkenntnisse nicht dokumentieren, dann nützen die Abenteuer ja nur ihnen selbst. Kostbares Wissen ginge für immer verloren.

Ja, das ist gut formuliert: Es ist unsere Verantwortung, das Erlebte auch weiterzugeben. Auf Expeditionen, bei denen sich alle Teilnehmer auf die Logistik und die Wissenschaft konzentrieren müssen, kann das leider schnell untergehen. Deshalb ist es so hilfreich, wenn Leute wie du diese Reisen begleiten: Chronisten, die unser Handeln für die Gesellschaft in Worte zu fassen wissen und Gedanken aufs Wesentliche destillieren können.

Nur in den Weltraum hat es bislang noch kein Journalist geschafft.

Eigentlich höchste Zeit, das zu ändern! Ich denke auch, dass es wichtig wäre, sobald es geht Philosophinnen und Philosophen den Zugang zum Weltraum zu ermöglichen. Man stelle sich vor, wie es die Werke von Leibniz, Descartes oder Kant beeinflusst hätte, wenn sie die Erde auch nur für einen einzigen Augenblick vom Weltraum aus hätten sehen können! Was wäre ihnen dazu wohl eingefallen? Das würde mich interessieren: Was für Tweets hätten sie aus dem All geschrieben?

Im Frühjahr 2021 hatte die ESA ja auch eine neue Bewerbungsrunde fürs Astronautenkorps ausgeschrieben. Da hättest du dich bewerben können …

Das stimmt. Aber eigentlich finde ich unsere Erde auch spannend genug, um den Aufbruch zu neuen Planeten der nächsten Entdecker-Generation zu überlassen. Du sagst oft, dass es dir ganz besonders am Herzen liegt, Kinder und Jugendliche mit deiner Faszination für den Weltraum anzustecken …

Ja, man kann gar nicht genug betonen: Junge Entdeckerinnen und Entdecker dafür zu inspirieren, neue Ideen zu entwickeln und so viel wie nur möglich aus ihren Träumen zu machen, ist die wichtigste Zukunftsinvestition, die wir tätigen können. Wir alle sind letztlich die Summe unserer Inspirationen. Deshalb freue ich mich, wenn ich meine Erfahrungen weitergeben und jungen Menschen vermitteln kann: Auch jede und jeder von euch kann das Wissen der Welt erweitern, vielleicht auch zur ISS fliegen, vielleicht sogar noch viel weiter.

So werden manche dann eigene, neue Wege beschreiten und auf Entdeckungen stoßen, die wir uns jetzt vielleicht noch nicht vorstellen können, aber die uns als Gesellschaft entscheidend voranbringen

EINZIGARTIGE ANSICHTEN VON NATURPHÄNOMENEN bringen Raumfahrer auf die Erde zurück: Sandstürme ziehen wie riesige Wellen durch die Sahara (oben). In der Atmosphäre türmen sich Wolken zum Teil kilometerhoch auf – und verwandeln sich ständig (unten)

EINE DER HÄUFIGSTEN FRAGEN, die Gerst bei Vorträgen oder Raumfahrt-Veranstaltungen von Besuchern gestellt bekommt: Ist die berühmte Chinesische Mauer tatsächlich vom Weltraum aus zu erkennen? Im Lauf der „Horizons"-Mission hält er wochenlang Ausschau nach ihr. Mit dem Teleobjektiv wird er fündig: Wie eine hauchdünne Schlange zieht sich das legendäre, 6260 Kilometer lange Bauwerk über die Hügel

„Ich habe NICHT DIE HÄLFTE *von dem erzählt, was ich gesehen habe, weil keiner mir geglaubt hätte."*

MARCO POLO (1254–1324), ENTDECKUNGSREISENDER

VON DER FANTASIE ZUR ERFORSCHUNG. Neue Missionen zum Mond könnten die Geologie des Trabanten weitaus gezielter und detaillierter erkunden, als dies den „Apollo"-Piloten möglich war. Wie ein verstaubtes Geschichtsbuch erzählt die Oberfläche des Monds von der Entstehung des Sonnensystems und der Erde. Auch die Gefahren von kosmischer Strahlung und Sonnenwinden wären dort perfekt zu untersuchen werden. Darauf müssen wir bauen: Seit jeher hat die Menschheit mit dieser Strategie ihre Zukunft gesichert. Ihr Überleben.

Expeditionen verschieben Grenzen – wissenschaftliche und persönliche. Immer wieder führen sie uns vor Augen: Wir können mehr, als wir denken.

Ja, das gilt für uns alle, für unseren eigenen Vorstellungsraum und natürlich für die Forschung, aber eben auch für die Politik. Der Bau der ISS ist ursprünglich gar nicht primär als Forschungsprojekt geplant worden, sondern vor allem als eine Idee im Dienste der Völkerverständigung. Die Staaten haben erkannt: Keine Nation der Welt könnte so eine Raumstation alleine aufbauen und unterhalten. Wir müssen kooperieren und profitieren dann auch gemeinsam von den Ergebnissen.

Diese gegenseitige Abhängigkeit stabilisiert die Zusammenarbeit, selbst in politisch schwierigen Zeiten, und genau dann ist sie besonders wichtig. Das haben wir zum Beispiel bei meiner ersten Mission gesehen, die ja mitten in der Ukraine-Krise stattfand – als die Beziehungen zwischen den westlichen Staaten und Russland sehr angespannt waren. Die Zusammenarbeit auf der ISS aber wurde dadurch nicht beeinträchtigt. Im Gegenteil: Man hat gespürt, dass es allen Seiten besonders wichtig war, dieses Band des Zusammenhalts nicht zerreißen zu lassen.

Durch die Raumfahrt bleiben die Staaten einander verbunden, das zwingt zu einer gewissen Vernunft. Und auch die nächsten großen Projekte sind nun – zum Teil aus genau diesem Grund – als Partnerschaften geplant.

Zusammen mit russischen Ingenieuren bauen ESA-Experten Sonden für die Erkundung der Marsoberfläche, und mit der NASA arbeiten wir an der nächsten Raumschiff-Generation: Die ESA entwickelt das Antriebsmodul der „Orion"-Kapsel, also einen zentralen Bestandteil des Raumschiffs. Dass unsere internationalen Partner sich so auf uns Europäer verlassen, ist ein großer Vertrauensbeweis!

Das nächste große internationale Projekt ist nun der „Gateway": Er wird der Menschheit den Weg in die Tiefe des Weltraums, zum Mond und zum Mars, bereiten! Aus solchen weltumspannenden Kooperationen will keine Seite einfach aussteigen, und deshalb kommen diese Projekte auch voran – zwar nicht immer so schnell, wie wir es uns wünschen würden, aber dafür konstant über lange Zeiten hinweg. Das sieht man gut an der ISS: Seit über 20 Jahren dient sie nun ununterbrochen als Außenposten der Menschheit.

Aber die Zeiten ändern sich auch: Im Erdorbit wird die Raumfahrt in Zukunft stärker von kommerziellen Betreibern bestimmt werden. Und seit einigen Jahren treibt China sein Weltraumprogramm völlig eigenständig voran – mit bemerkenswerten Erfolgen sowohl beim Aufbau einer eigenen, erdnahen Raumstation als auch bei der Erkundung von Mond und Mars.

Zum einen hat diese Entwicklung den Wettbewerb zwischen westlichen Raumfahrtnationen und China verstärkt. Zum anderen zeigt sie für uns Europäer: Andere Raumfahrtnationen werden vielleicht immer seltener auf uns angewiesen sein. Wir müssen also in Zukunft noch mehr darauf achten, dass wir unsere Stellung als Partner auf Augenhöhe im All nicht verlieren.

Für deine Raumflüge musstest du jahrelang einem eng getakteten Trainingsplan folgen und deshalb auf vieles verzichten. Trotzdem bist du, nur wenige Monate nachdem ihr im Dezember 2018 von der „Horizons"-Mission zurückgekehrt seid, bereits wieder aufgebrochen: Mitten in der Antarktis hast du mit einem Team von Experten nach Meteoriten gesucht. Mehr als zwei Monate lang wart ihr für diese Expedition unterwegs, habt Silvester im Zelt gefeiert, musstet – genau wie damals am Mount Erebus – wieder Kälte und Schneestürme aushalten. Bist du ein rastloser Mensch?

Oh doch, ich raste sehr gern – nur nicht lange, dann überwiegt meine Abenteuerlust. Wenn ich ein großes, schwer zu erreichendes Ziel vor mir habe, wie damals am Mount Erebus oder natürlich bei meinen Weltraummissionen, macht mir das lange Training dafür nichts aus. Auch die Antarktisforscher mussten sich schließlich stets über Jahre auf ihre Expeditionen vorbereiten. Und ich weiß mittlerweile: Ich habe genug Energiereserven, um diese Anlaufzeit durchzustehen. Diese Sicherheit macht den Kopf frei.

Aber wenn ein Projekt vorbei ist, schalte ich gerne auch mal einen Gang zurück und genieße das Leben – wie zum Beispiel im Frühjahr nach der Antarktis-Expedition. Eine Weile lang geht das gut: bis ich wieder das nächste Projekt im Kopf habe, auf das ich mich fokussieren will. Dann werde ich hibbelig.

Ich bin einfach sehr neugierig, und es gibt auf der Welt noch so unendlich viele interessante Fragen, die es zu erforschen gilt. Wenn ich also die Chance habe, meinen Horizont zu erweitern, dann zögere ich nicht, mich auf neue Expeditionen einzulassen.

Wenn mir jetzt jemand sagen würde, bei einer der nächsten Missionen könnte ich mit zum unbekannten Südpol des Mondes fliegen, und morgen finge das Training an, dann hätte ich innerhalb von 30 Minuten meinen Koffer gepackt. Beim Gedanken daran, dass ich zum jetzigen Stand dafür sogar eine realistische Chance habe, bekomme ich eine Gänsehaut.

„Was zählt, ist, WIE GUT DU DURCHS FEUER *gehen kannst.“*

CHARLES BUKOWSKI (1920–1994), DICHTER

MEHR ALS 380 KILOGRAMM Mondgestein haben Astronauten in den gewagten „Apollo“-Missionen zur Erde zurückgebracht – und dazu kostbare weitere geophysikalische Daten. Doch den größten Teil des Trabanten, der beinahe viermal so groß wie Europa ist, hat noch niemals ein Mensch betreten

IKONEN-BILDER: Der Blick zum Mond inspiriert die Kulturen seit frühester Zeit. Und die ersten Fotografien, die „Apollo"-Piloten von der „blauen Murmel" im schwarzen Nichts machten, trieben die Umweltbewegung voran. Wie wird sich unser Selbstverständnis verändern, wenn Menschen vom Mars auf die Erde zurückblicken?

EIN ROTER PLANET: Immer wieder staunt Gerst, wie sehr manche irdischen Wüstenlandschaften, wie hier in Afrika, an unseren Nachbarn im Sonnensystem erinnern: den Mars. Eine astronautische Reise zu ihm wäre das größte Abenteuer, das Menschen jemals gewagt haben

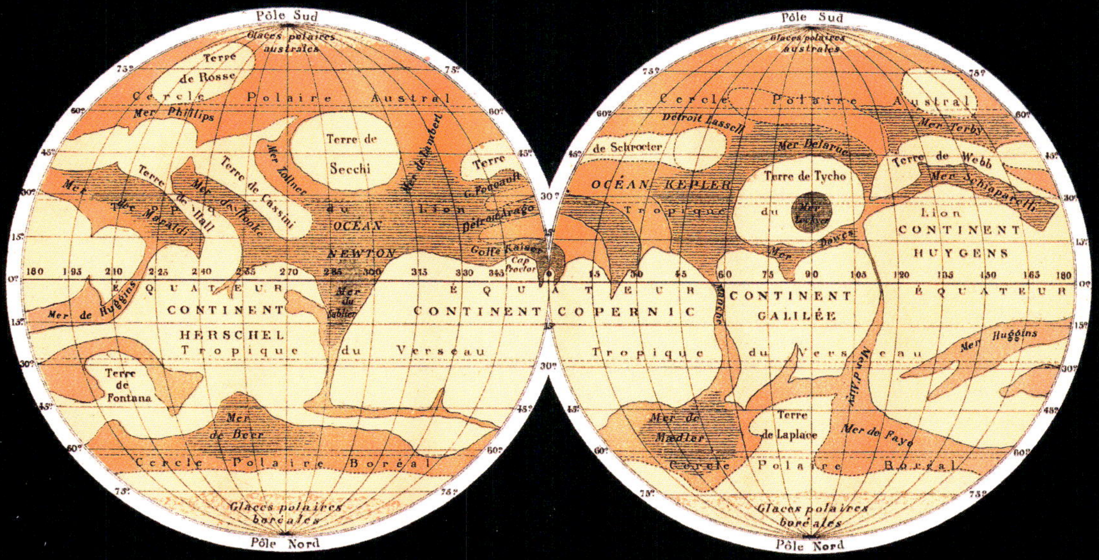

VERSTÄNDNIS UND MISSVERSTÄNDNIS: Ähnlich wie auf dem Mond glauben Astronomen im 19. Jahrhundert mit ihren Linsenfernrohren auf dem Mars „Meere“ und „Kontinente“ zu sehen. Vor allem die Beschreibung einiger Grabenbrüche als „Kanäle“ beflügelt die Fantasie einer Marsianer-Zivilisation. Nüchterner soll ab 2023 die von der ESA entwickelte „ExoMars“-Sonde „Rosalind Franklin“ die Marsoberfläche erforschen – und nach mikroskopischen Lebensspuren fahnden

WAS IST WAS? Einige extreme Landschaften auf der Erde lassen bereits erahnen, in was für Umgebungen sich die Pioniere der nächsten Generation auf der Oberfläche des Mars begeben werden: wie die Meteoritenkrater Aorounga (oben) und Gweni-Fada (unten) im Tschad. Jeder von ihnen hat einen Durchmesser von mehr als 12 Kilometern

IMMER NEUE BIZARRE GEOLOGIE-FORMATIONEN spüren die Sonden auf, die für uns zum Roten Planeten vorausreisen: den Victoria-Krater etwa, dessen Randschichten in die Entwicklungsgeschichte des Mars zurückblicken lassen (unten). Oder riesige Dünenfelder, die während des marsianischen Winters von Kohlendioxid-Eis überzogen sind (oben)

FORSCHER DER ZUKUNFT: „Habt den Mut, euren Träumen zu folgen!“, gibt Gerst Kindern und Jugendlichen aus seiner Erfahrung im All weiter – wie hier bei einer Veranstaltung im Europäischen Astronautenzentrum in Köln

Das glaube ich dir sofort – so wie ich gerne irgendwann mal die größten Tiefen der Ozeane mit einem Tauchboot erkunden würde.

Ich wäre auch nicht überrascht, wenn sich unsere beiden Träume schon bald erfüllen würden. Falls nicht, würde ich mich allerdings auch darüber freuen, wenn eine meiner Töchter als Meeresforscherin in die Tiefsee abtaucht und mir berichtet, was es dort unten zu sehen gibt.

Ich bin wirklich gespannt, was die nächste Generation auf der Erde erforschen wird. Was meinst du: Wie werden zukünftige Entdecker auf unsere heutige Zeit zurückblicken?

Tja, ich bin kein Prophet, aber wenn man in die Geschichte zurückschaut, habe ich einen Riesenrespekt vor den frühen Entdeckern, die in das gigantische Unbekannte vor ihren Küsten trotz aller Gefahren hinausgefahren sind.

Im Nachhinein wirkt es logisch und einfach. Aber wenn man ehrlich ist, wissen wir heute über unsere Nachbarschaft im All ebenso wenig, wie damals über andere Kontinente wie die Antarktis bekannt war. Und so mutig wie die Entdecker damals waren, sind wir selbst zurzeit nicht – auch nicht an Bord der Raumstation. Unsere Arbeiten dort bewegen sich nicht auf demselben Abenteuerniveau wie die Pioniertaten Magellans, Shackletons oder Amundsens.

Das wird erst wieder anders werden, wenn Menschen für lange Missionen zum Mond fliegen, eine lunare Station aufbauen und neue Gebiete wie die ewig dunklen, geheimnisvollen Krater am Südpol des Mondes erforschen – und ganz besonders natürlich, wenn Astronautinnen und Astronauten sich erstmals auf eine jahrelange Reise zum Mars wagen.

Das werden die nächsten historischen Schritte sein, die Entdeckerinnen und Entdecker wieder vor ähnlich große Herausforderungen stellen wie die gewagten ersten Vorstöße in die Polarregionen der Erde vor rund einem Jahrhundert oder das „Apollo“-Programm in den 1960er-Jahren.

Wir sind fast so weit. Und ich bin sicher: Die Pioniere der Zukunft werden, wenn sie zurückblicken, unserer jetzigen Zeit auch großen Respekt zollen. Jedem fundamentalen Schritt der Entdecker-Geschichte ist eine längere Anlaufphase vorausgegangen. Und mit der Vorbereitung von Mond- und Mars-Missionen sind wir schon weit vorangekommen.

Das Antriebsmodul der ESA, das Raumschiffe des „Orion“-Typs sogar noch weiter ins Sonnensystem hinaustragen könnte, beruht zum Beispiel auf der Technik des Raumfrachters „ATV“, dessen letztes Modell ich bei meiner ersten Mission noch persönlich an die ISS angedockt habe!

Am Beispiel der Mondlandung sieht man auch gut, wie ein mutiger Aufbruch zu neuen Ufern die ganze Weltgemeinschaft begeistern, verbinden und inspirieren kann: Allen, die diesen historischen Moment aus der Ferne am Radio oder im Fernsehen verfolgt haben, wurde klar: Wir Menschen können Dinge schaffen, die niemals zuvor versucht wurden und die viele sogar für unmöglich gehalten haben! Wir müssen nur unserer Neugier folgen.

Meiner Generation und allen jungen Menschen weltweit, die wie ich damals noch nicht geboren waren, fehlt zurzeit noch ein solches Erlebnis. Ich kann es deshalb kaum erwarten, dass jene neuen Generationen bald wieder einen ähnlich bewegenden historischen Aufbruchsmoment erleben dürfen. Und ich bin mir sicher: Das wird nicht mehr allzu lange dauern.

„Ich will auch gerne Astronaut werden.
Aber muss ich mir dafür auch DIE HAARE *abrasieren?"*

EIN JUNGER ZUHÖRER, ETWA IM VORSCHULALTER, BEI EINEM VORTRAG VON ALEXANDER GERST, 2019

ZUKUNFTSINVESTITION: So wie wir jetzt von dem Mut profitieren, mit dem weitsichtige Visionäre in den 1990er-Jahren die ISS auf den Weg brachten, wird die nächste Generation auf den Vorbereitungen aufbauen, die wir heute für Mond- und Marsflüge anschieben. In Gedanken sind viele Kinder weltweit schon dabei

„Etwas Großes wird ENDLICH *angesichts der Unendlichkeit.“*

ALEXANDER GERST

UNENDLICHE WEITEN. So wie Seefahrer in den Zeiten von Magellan und Kolumbus einst von den Küsten aufs Meer geschaut haben, liegt nun das Unbekannte des Weltraums vor uns. Schon der Mars könnte möglicherweise die Antwort auf eine der größten philosophischen Fragen der Menschheit bergen: Sind wir als Lebewesen der Erde im Universum allein?

DANKSAGUNG

Hinter jeder Expedition – ob auf Erden oder im All – stehen etliche Menschen, ohne die der Aufbruch ins Ungewisse niemals zu schaffen wäre: Freunde, Verwandte, Kolleginnen und Kollegen. Auch unsere eigenen Reisen sind erst durch den Einsatz zahlreicher Mitstreiter Realität geworden: Diesen oft stillen Heldinnen und Helden möchten wir danken – und ihnen dieses Buch widmen.

Mehr als 100 000 Menschen weltweit haben am Bau der ISS mitgewirkt und damit auch die „Horizons"-Mission ermöglicht. 1000 Einsatzkräfte standen allein in der Weite Sibiriens bereit, um uns im Fall einer Havarie beim Start oder bei der Landung zu retten und damit wir nach Ende der Expedition wieder gesund zu unseren Familien zurückkehren konnten. Am liebsten würde ich jedem Einzelnen von ihnen die Hand schütteln.

Den Erfolg der Mission habe ich insbesondere unserer Gruppe von Mitarbeiterinnen und Mitarbeitern der ESA, NASA und ROSKOSMOS, des Europäischen Astronautenzentrums in Köln sowie des Deutschen Zentrums für Luft- und Raumfahrt zu verdanken.
Auch dieses Buch wäre ohne sie nie entstanden. Im Zentrum unseres Erfolgs steht meine großartige Crew: Sergey, Serena, Drew, Ricky, Oleg & Oleg, Anne und David. Wir haben als Freunde zusammengehalten – auch in Momenten, in denen die Mission zu scheitern drohte. Ihr habt mir meine Zeit als Kommandant sehr leicht gemacht. Vielen Dank dafür!

Und ich hätte es auch nicht zu meiner Rakete geschafft ohne die Unterstützung durch meine Freunde und Familie in der jahrelangen Zeit des Trainings. Danke, dass ich in eurer Gesellschaft ganz ich selbst sein kann!

Mein größter Dank geht an Charlotte. Was für mich bereits eine harte Zeit war, muss für dich noch unendlich viel schwerer gewesen sein. Danke, dass du immer für mich da warst, mein Zuhause, egal in welcher Zeitzone ich mich befand, trotz vieler Telefonate mit abgebrochener Satellitenverbindung und eingefrorenem Bildschirm, trotz einiger schwieriger Nachrichten. Ich freue mich auf viele weitere Abenteuer mit dir auf diesem Planeten.

Alexander Gerst

Die Expeditionen, die ich als Reporter begleiten darf, haben mein Leben geprägt. Dafür danke ich allen Kolleginnen und Kollegen der GEO-Redaktion, insbesondere Peter-Matthias Gaede, Christoph Kucklick, Jens Schröder und Markus Wolff, die mich bei der Umsetzung meiner Projekte stets unterstützt haben. Aus den Reisen mit Fotografinnen und Fotografen sind Freundschaften entstanden, für die ich sehr dankbar bin. Und den Forscherinnen und Forschern, die mich zu Vulkanen und Regenwäldern, in Höhlen und eisige Höhen mitnehmen, danke ich für ihr Vertrauen und für ihre Geduld mit mir.

Das Schönste an jeder langen Expedition ist, wieder nach Hause zu kommen – zu meiner Familie. Caro, Lenja und Jule: Danke, dass ihr an meiner Seite seid und wir die spannendste Expedition dieser Welt gemeinsam bestreiten: das Leben selbst.

Lars Abromeit

Gruner + Jahr möchte darüber hinaus allen Mitwirkenden an diesem Buch seinen herzlichen Dank aussprechen. Auch denen, die hinter den Kulissen an seiner Entstehung mitgewirkt haben. Insbesondere Alexandra Carsten, Andreas Blum, Melanie Trieloff, Achim Mäueler, Janica Lamprecht und Barbara Thieme.

IMPRESSUM

© Gruner + Jahr GmbH, Hamburg
2. Auflage, Hamburg 2021

Verantwortlich:	Alexandra Carsten
Textredaktion:	Lars Abromeit
Layout:	Andreas Blum (blumsbuero.de)
Bildredaktion:	Lars Abromeit, Alexandra Carsten
Schlussredaktion:	Katharina Harde-Tinnefeld
Herstellung:	G+J Herstellung, Heiko Belitz (Ltg.), Thomas Oehmke
Litho:	4MAT Media, 20457 Hamburg
Druck:	Firmengruppe APPL, Wemding

Printed in Germany. ISBN 978-3-8310-4107-7

GEO® ist eine Marke der Gruner + Jahr GmbH, Hamburg.

BILDNACHWEIS

Alle Bilder ESA/NASA (Alexander Gerst) bis auf folgende Ausnahmen:

akg-images: 31o, 56r, 57l, 94mr, 95, 118ol/or/ur, 133, 140, 171, 199 | ClassicStock 57u | historic-maps 30, 31u, 35u | LIBRARY OF CONGRESS, Geography and Map Division/SCIENCE PHOTO LIBRARY 39u | Liszt Collection 138 | © Photo Researchers, Inc./SCIENCE SOURCE 9 | Album/Oronoz 11 | British Library 117u | Heritage Images/The Print Collector 33u, 88or | Pictures From History 183u | Quagga Media UG 117u | Rainer Hackenberg 177 | RGSEL 36u, 101u | RGSEL/Lieutenant H.R. Bowers 94u | RGSEL/Mr Frank Hurley 100o | RGSEL/Mr Herbert Ponting U4ul, 10, 90, 94ml | Science Photo Library 109o | Science Photo Library/Scott Polar Research Institute 60ul, 79, 80-1, 83, 85, 94ul, 97o | Science Source 56l, 61ol | Sputnik 61u | UIG/Universal History Archive 86 | Science Photo Library/Library of Congress, Rare Book and Special Collections Division 134; Alexander Gerst 4ul, 24-5, 26, 27o/u, 28, 29o/m/u, 34, 38, 39o; ALTEC / ESA 209u; Ann-Marie Aring 54, 55u, 57o, 60ur, 61or, 65, 67l/r; Christoph Gerigk 5ur, 151o, 151ul/ur, 155l, 162; DLR/R. Riedel 156; ESA: A. Romeo U4ol, 1u, 184-5, 185u, 186-7, 187o/u | Alexander Gerst 206 | E. Procopio 185o | NASA (Alexander Gerst und ISS-Carew) 2-3, 4r, 32ur, 35o, 68o/u, 84, 91, 92, 99, 102-3, 128-9, 157, 160, 190-1, 193o, 200u | NASA (Ricky Arnold) 1o, 109, 170, 180, 200o | NASA (Serena Auñon-Chancellor) U4or, 70, 97u, 121 | NASA/ROSKOSMOS (Sergey Prokopyev) 49o, 96l | S. Corvaja 48; From the collections of the State Library of New South Wales 33o; H. Aschebhoug & Co. Oslo 88u; INTERFOTO: National Maritime Museum, London 118ul | UIG/Universal History Archive 94ul; Ivan Timoshenko 46-7; Mattia Balsamini 112, 113, 115, 116, 122; NASA 125or/ur/l, 181ol/or, 205, 207, 210u, 211o | B. Ingalls 196, 197o | ESA/ISS-Crew 50-1, 55o | Joel Kowsky 42-3 | ROSKOSMOS (Drew Feustel) 51, 78-9, 126-7 | on The Commons 64o/ul/ur; Nasjonalbiblioteket Oslo 1m, 88ol; Quelle: Library of Congress Geography and Map Division 101or; Robbie Shone SU Klappe h, 5or; ROSKOSMOS 44u, 197u; ROSKOSMOS/NASA/ESA (Oleg Artemyev) 36o; Stefen Chow 5l; Getty Images: Bettmann/Corbis 161 | Frank Hurley/Royal Geographical Society 100-1o | Fine Art Images/Heritage Images 198ol | Thomas Lohnes 212, 213 | Universal History Archive 198ul | Universal History Archive/Universal Images Group 198r | VYACHESLAV OSELEDKO/AFP 44o, 45; ullstein bild: AP 176 | Granger, NYC 154, 155r | Süddeutsche Zeitung Photo/Scherl 153 | TopFoto 100u; Wikimedia commons: Herbert Ponting SU Klappe v | Quelle: The British Museum 13.